JN414924

도시환경과 공원디자인

고성종 • 고필종 지음

URBAN ENVIRONMENT AND PARK DESIGN

光文閣
www.kwangmoonkag.co.kr

머리말

유럽의 많은 나라들은 선조가 잘 가꾸어 놓은 문화 유산인 아름다운 도시와 건축물을 잘 활용하여 수많은 관광객들이 매일 도시를 메우고 있다. 그들은 이러한 관광 수입으로 국가의 경제력을 높이고 있다. 그러나 도시 공간 안에 광장, 공원, 분수대, 휴식 공간 등이 없었다면 사정은 다를 수 있다.

미국은 역사도 짧고 문화 유산도 없다. 그런데 현시대 세계의 경제와 문화 등을 이끌고 있다. 그것은 자연 유산의 철저한 관리, 미래를 추구하는 첨단 과학, 휴식과 즐거움을 주는 엔터테인먼트, 그리고 세계의 인재들이 모인 교육 시스템에 의한 것이다. 그리고 더 중요한 것은, 세계인들이 미국에서 인정을 받고 꿈을 펼치기를 원하고 있다는 사실이다.

우리도 이제는 그린 프로젝트 새로운 도시 환경을 만들고 삶의 질을 높이는데 최선을 다 해야 할 것이다. 이와 관련하여 청계천 개방 공간 등 실행하고 있는 것은 있지만 전국적으로 보면 아직까지도 어설픈 형식에 머무는 수준에 있다. 특히 남의 것을 모방만 하는 도시 환경은 결코 개성적인 이미지를 줄 수 없다.

작은 것이든 큰 것이든 우리 것을 찾고, 많은 예산으로 추진하는 계획보다는 예산이 적게 드는 아이디어도 연구해 볼 필요가 있다. 앞으로 지역적 특색과 역사를 담은 공원을 디자인하고, 우리만이 할 수 있는 특징적이고 상징성 있는 공원을 만들어가야 한다.

이 책에서 세계 공원 사례와 범위, 그리고 공원의 필요성을 언급한 것은 우리나라의 경제 발전과 우리 삶의 질을 무엇으로 매울 수 있는가를 생각해 보기 위함이다. 이 생각의 답은 바로 공원 확대와 우리 것을 새롭게 찾는 일들이 될 것이다.

공원이 도시를 살린다. 도시에는 다양한 공원이 반드시 계획되어야 한다. 공원의 총체적 의미는 휴식 공간이라 할 수 있다. 삭막한 도시 안에 휴식 공간마저 없다면 그 도시는 죽은 도시라고도 말한다.

인위적으로 만들어진 환경(콘크리트와 철재 건축물, 현란한 광고물과 사인 등) 안에서 우리들은 생활하지만, 자연을 끌어들인 공원이 없는 도시 환경은 물 없는 사막과도 같다. 이를 대변하듯 도시인들은 주말이면 대부분 자연이 있는 아름다운 교외로 떠나려고 한다. 이러한 현상을 해결하기 위한 방안으로 도시를 빌딩의 숲이 아닌 자연의 숲으로 바꾸어 나가는 일이 활발히 추진되고 있다.

세계의 도시들은 인간을 위한 도시, 삶의 도시로 만들기 위해 많은 노력을 하고 있다. 왜냐하면 모든 사람들이 도시로 몰려들기 때문이다.

도시는 인간의 기본적인 의식주를 해결할 수 있는 곳으로 사람들 간의 교제, 볼거리와 즐거움, 낭만, 이벤트, 세계의 흐름과 패션, 에너지, 그리고 개개인의 꿈을 키울 수 있는 미래 비전도 제시해 준다.

도심 속의 좋은 도시환경디자인과 공원은 주민에게 자부심을 줄 수 있다. 그리고 도시를 새로운 이미지로 개선시킬 수 있고 도시의 경제력을 강화시킬 수 있다. 또한, 삶의 에너지를 충족시키고, 자연에 대한 고마움을 느끼게 하며, 사람들을 끌어들이는 데 가장 중요한 부분으로 작용하여 결과적으로 황폐화된 도시를 살릴 수 있다.

새롭게 계획되는 신도시일 경우 공원과 녹지대를 최우선 확보해야 미래의 비전 있는 도시로 자리 잡을 수 있다. 이 한 권의 책이 도시환경디자인에 대한 인식 확대와 공원을 넓혀가는 발판이 되기를 소망한다. 이 책이 나오도록 힘써 주신 모든 분들께 감사드린다.

2009년 8월
저자 일동

CONTENTS

04 정원 디자인 · 95

05 공원(Park)의 분류 · 121

공원 디자인

01 공원 디자인

1. 공원 역사와 유래

공원이라는 용어는 어린이 놀이터, 골프장, 수영장, 야영장, 운동경기장, 동물원과 식물원, 수목원, 조경, 구역 구분, 산책로, 숲, 동네 공원, 도심 광장, 분수대 광장 등 광범위하게 적용되며, 이런 집합체 구성으로 이루어진 목적은 분명치는 않다. 사회학자들은 공원 설계를 위한 일련의 지침서들을 찾아내기 위해 대중들의 의견으로 관심을 돌리기도 하고, 기본 설계를 하기 위해 실제적인 공원 사용자들을 관찰하기도 한다.

공원은 집단, 이웃, 도시, 사회 전체에 무엇을 줄 수 있는지 파악해서 디자인되어야 한다.

오늘날 공원은 녹지대, 초원, 나무 숲 등을 의미하기도 한다. 공원은 모든 사람들이 좋아하는 무해의 상징이기도 하다.

공원 계획은 건축가, 조경사, 사회학자, 역사학자, 환경디자이너, 디자이너 등 여러 분야의 전문가들이 참여해서 학문과 기술 제휴를 통해 이루어지는 것이 좋다. 그리고 공원이 세워질 장소에 역사적 배경, 사회적 풍토, 대중의 여론, 타 지역과의 차별화, 사회적 연구, 시대의 흐름 등 공원에 그 의미를 두어야 한다.

미국은 약 130년 전에 공원의 필요성을 알고 공원 건설 혹은 공원 전개 운동을 시작했다. 미국 뉴욕의 센트럴 공원(Central park)은 도심에 공원을 많이 만들자

›› 프랑스, 파리
도심 속에서 자연의 공간은 공원이 될 수 있다.
자연은 인간에게 공공질서 의식을 높여줄 수 있다.

는 운동의 일환으로 만들어졌다. 그 당시 뉴욕은 공원 건설의 여러 가지 측면에서 선구자적인 역할을 했다.

시카고는 공원 개혁을 한 도시로 유명하다. 특히 사회 개발의 새로운 철학과 독특한 물리적 원형을 가진 높은 수준의 Field house를 최초로 개발한 것으로도 유명하다.

샌프란시스코는 Western case의 3부작을 완성했고, 이 세 가지는 서로 유사성을 갖고 있다.

공원 설계자 Firederick Law Olmsted는 본인의 개인적인 생각보다는 공원의 사례를 참조하여 대중이 무엇을 원하는지를 반영했다.

도시 공원은 공원의 역할, 도시의 발전, 도시의 역할 측면에서 매우 중요하다. 공원 개발은 지속적으로 연구, 검토, 추진되어야 한다. 공원 개방을 통해 사회적, 정치적 또는 심리적으로 토지 사용을 계획하고 통제하며, 공공장소로서의 배려와 아름다움을 제공한다는 의미에서 바람직하다.

앤드류 잭슨(Andrew Jackson Downing)과 프레드릭(Firederick Law Olmsted)과 같은 도시개발 전문가들은 도시 속의 공원 설치가 시민들의 문화의식 수준과 삶의 물질적, 지적 가치를 높이고, 문화를 배양하는 매체로서 기능을 지니고 있다고 주장한다.

공원은 도시를 향상시킨다. 미국 공원은 서유럽 등 전 세계 공원을 모델로 발전시켰고, 전통 시골 풍경의 개념에도 근거를 두었다. 공원은 신선한 공기, 수풀, 호수 등을 계획한 시골 풍경을 끌어들였으며, 외적으로는 규모가 큰 놀이 시설을 설치하였다.

공원 개발을 추구하는 사람들은 그것이 도심에 초원을 확장시키고 주민에게 숨 쉴 공간을 제공하는 등 도시를 도시답게 만드는데 최고의 효과를 얻을 수 있다고 자부하거나 주장한다. 대체적으로 과거 공원의 개념은 시골을 그대로 도심에 옮겨 놓은 것이었다. 시골은 낭만이 있고 검소한 전원 생활, 농장과 숨 쉴 수 있는

》 프랑스, 파리
도심 안에 자연과 역사가 함께 살아 숨 쉬고 있다.

〉〉 프랑스, 파리
도심 안에는 자연 속의 동물, 생물체 등 함께 공유하는 환경을 만들고 전통과 유례를 만들어 가야 한다.

자연의 풍경과 공간이 있기 때문이다.

과거 중세까지 도시는 시골의 연장으로 번잡하지 않았다. 또한 자연(나무, 평지, 산, 호수 등)이 인간에 의해서 개발되었는지 여부는 문제 되지 않았다. 유럽의 낭만주의로부터 이어진 이러한 개념은 미국에서 초월주의자들의 영향을 통해 널리 통용되었다. 에머슨(Emerson)과 그의 동료들을 통해서 공원은 자연의 명상과 몰입을 통해 영혼을 단련하고 자연과 동화되는 곳이라고 생각되었다. 순화된 대중을 위한 초월주의자들의 이상은 나무나 수풀 같이 자연 속에서 발견된 사물로 미덕을 돌리는 것이었다.

이러한 자연은 순간 창의력에 의해 모방하여지고 전이되면서 공원 홍보와 건축 이론을 위한 길을 모색하는데 쓰였다. 1940년대 이후부터의 미국 향락객들은 전형적으로 초기의 공원들을 수동적 사용으로 특징지었다. 놀이공원에 대한 활동가들의 말에 의하면 1895년까지 놀이공원은 그렇게 체계적이지 못했다. 놀이공원에서는 경기(racing), 뛰기(galloping and jumping), 폴로경기(polo play), 자전거 타기, 회전목마(merry-go-round), 터보건 활강장(toboggan sliding), 해안 스키(coasting on rinks), 사격경기 등의 관람, 테니스, 크로킷(croquet), 야구와 라크로스(lacrosse), 군대 작전 놀이, 그리고 종교 모임 등이 이루어졌다.

19세기 대중들에게 오락 공간을 제공한 시초이기도 한 공원 개혁은 미국에서 1900~1930년에 활발히 계획되었다.

미국에서의 공원은 1900년대 초반 도시 공원 진보주의에 의해 더욱 구체화되었다. 시카고의 Pulaski 공원, 뉴욕의 Steward 공원, 샌프란시스코의 Funston 공원 같은 곳들은 구체적이고 개혁된 열의로 만들어지고 운영되었고, 공원 개혁 지지자들은 공원들에 관해 지방 자체로 오랜 시간 운영되어 정착된 집과 같은 개념으로 여겼다.

공원 개혁의 기본 방침은 다양한 오락활동을 확산시켰고, Olmsted 같은 조경 건축가들과 시카고의 Jens Jensen 같은 정원 전문가들은 정원 계획, 정원 감독, 놀이 감독 등 다양한 조직망을 구축하여 개혁의 발판으로 삼기도 하였다.

Jane Addams는 현대 도시에서의 공원 계획 실패 원인을 전례가 단조로움, 도시 공업의 분업, 보호자의 보호 없이 도시 길거리를 방황하는 아이들에서 찾았다. 돌봐주지 않는 어린이들은 많은 위협에 노출되었다. 많은 공원 개혁자들은 이러한 어린이들의 취약함을 그들 운동의 타당성 입증을 위해 이용하였는데, 이것 역시 실패의 원인이기도 했다. 또한 그들은 더운 날씨로 사망한 어린이들의 수치를 통해 대중에게 충격을 주고 이러한 사고를 방지할 수 있는 방법으로 놀이터를 제시하였다. 그리고 가족 전체의 나들이와 오락을 격려하던 놀이 공간과는 달리 개혁 공원은 나이와 성별을 구별 짓기도 하였다.

공원의 개혁된 프로그램에서 즐길 수 있는 공간은 자연을 모방했고, 이로 인해 밤이나 날씨가 나쁜 날에는 공원을 사용하지 못하는 문제점도 생겼다. 이러한 문제점의 해결책으로 공원 안에 새로운 방법으로 레크레이션을 설치해 도시 생활과 더 가깝게 하고 활력을 줄 수 있는 다양한 프로그램을 발전시켰다. 이 공간 안에서는 기후의 변화, 학생들, 어머니들과 직장인들의 스케줄에 맞는 계획을 통해 모두가 만족하는 공원의 기능을 갖게 했다. 이른 아침부터 이른 오후, 늦은 오후, 그리고 저녁 시간까지 세심한 스케줄을 적용시킴은 물론 일요일과 국경일까지도 사용할 수 있도록 배려했다.

시카고의 경우 1912년부터 11개의 센터들을 일년 내내 개방했고, 기존과 다른 점은 추운 겨울에도 사용이 가능하다는 것이었다.

스키의 경우 1917년 시카고의 West Side Humboldt 공원에서 큰 인기를 얻었다. 뉴욕에서는 고속도로의 한 부분에서 썰매와 coasting slide가 제안되었고, 1921년 아주 춥지 않았던 시카고의 겨울에는 아이스케이팅과 골프, 테니스 등을 할 수 있었다. 뉴욕 공원 위원회는 1915년에 썰매의 금지법안을 풀어 몇만 개의 썰매들이 생겨나기도 했다.

공원 프로그램들은 흔히 레크레이션을 육체적인, 사회적인, 예술적인, 시민적인 카테고리로 나누거나 활동적인, 소극적인, 사회적인 카테고리들로 나누었다. 이런 카테고리들은 개혁된 시대의 넓어진 범위의 공원들을 위해 프로그램된 활동들을 나타냈다. 이러한 모든 계획들은 매력적인 볼거리가 되었지만, 그것은 그 이상 중심적인 원리가 되지 못했다.

공원 풀밭은 운동선수들이 쓰는 풍경의 한 부분이기보다는 체육관의 확장된 부분으로 보였다. 이미 많은 풀밭에는 미식축구를 위한 선이 그려져 있었고, 시카고에서는 아이스하키가 큰 공원에서 행해졌다.

36개의 다이아몬드형의 야구장들이 설치되어 정기적으로 관리되었고, 워싱톤(washington) 풀밭에서는 같은 시간에 많게는 30개의 구장에서 게임이 이루어졌다.

공원의 기능은 시간이 흐를수록 발전되어 공원 안에서 다양한 운동경기가 이루어졌고, 뉴욕에서는 1911년에 처음으로 우승자들에게 메달을 수여한 운동경기가 열렸다.

또한, 시카고에서는 1908년에 일반적인 운동경기가 열렸고, 1921년에는 거의 모든 스포츠 시합들이 넘쳐났다.

스포츠 유형으로는 말굽 던지기, skipmobile 경주, 자전거 경주, 연과 비행기 모델 날리기, 체커나 구슬놀이, Jacks나 뚜껑 돌리기 같은 게임들을 포함했다.

시카고는 스포츠를 사회적 통합으로 바꾸고, 운동시합의 성취만큼 단체 정신과 협동 정신을 살릴 수 있는 방안으로 경기에서 이기는 사람에게 상을 주는 시스템을 개발했다.

20세기에 들어서 10년 동안 포크 댄스와 체육 수업에 이르기까지 광범위한 형태의 공원 프로그램들이 생겨났다. 포크 댄스는 일반적인 댄스보다 비교적 건전했다.

뉴욕과 샌프란시스코는 1913년에 이를 실시하였고, 시카고에서는 사회적 행동들 중에서 가장 유명해졌다. 레크레이션 지도자는 올바른 도덕적 감독과 교육적인 의미가 성공의 비결이라고 느꼈다. 공원에서는 뮤지컬이 공연되었고, 특히 시카고와 샌프란시스코에서는 많은 축제들과 서커스, 역사적인 구경거리 등을 제공했다.

여기에서 멈추지 않고 작은 공원들 안에 대중 도서관을 설치했다. 이곳은 모든 시민들의 만남의 장소로도 활용되기 시작했다. 공원에서 즐길 수 있는 이상적인 공간 설치와 함께 공원 위원회원들은 산업적인 문화와 요소를 적용시키고, 대자연의 풍경을 옮겨 매력적인 공원을 만들기 위해 많은 노력을 했다. 당시 공원은 도시인에게 주목을 받지 못했다. 왜냐하면 거리의 공간은 어린이들에게나 매력적이고 활동적인 공간이었기 때문이다. 처음엔 장례식, 그리고 화제, 도로변의 주사위 놀음, 화물 열차에 몰래 타보기, 과일 노점 서리 등 혼잡한 일들이 재미있는 공간으로 익숙해져 있었기 때문이다. 이 당시 어린이들을 거리에 비유한 적도 있었다.

그러나 Teddy Roosevelt는 거리 놀이에 반대했다. 거리는 위험하고, 많은 게임들이 법에 위반되고, 여름엔 너무 덥고, 도시의 복잡한 부분에 위치해 있고, 범죄의 근원지가 되기 쉽기 때문에 안전한 공원 환경과 디자인이 절실히 필요하다고 주장했다.

공원의 변천은 즐기기만 하는 공간에서부터 경험과 체험의 장소로 보이지 않게 많은 변천사가 뒤따랐다. 조용한 것보다는 시끄러우면서도 정리와 관리가 잘 되었다. 20세기 초반에는 산업 생산의 증가와 노동의 분업으로 여유 있는 시간과 길어진 휴가, 그리고 임금이 많아지는 현상 등으로 도시 사람들에게 여가를 채울 수 있는 레저 스포츠로써 많은 역할을 했다.

공원을 계획할 때는 비즈니스 회사나 학교처럼 나이에 의한 분리, 특수화된 기능, 심각한 낭비와 같은 상업의 모델을 따랐다.

공원 계획은 프로그램이 더욱 조직화하여야 하며, 시민들에게 많은 휴식과 유익함을 줄 수 있는 개념으로 실행되어야 한다.

미국에서 공원 사용자가 늘면서 사회 복지자들에 의해 지역 놀이터 프로그램이 확산되어 사회적으로 많은 발전이 있었다.

2. 자연과 공원 계획

현대의 공원 계획은 자연이 살아 숨쉬는 환경을 자연으로부터 제공해 주어야 한다. 도심에 자연을 끌어들여 삭막한 도시 건축물과 조화를 이루도록 해야 도시를 살릴 수 있다.

도시인들은 자연을 느낄 수 있는 공원을 추구하고, 생활에서의 활력을 자연으로부터 얻으려고 한다. 또한, 자연의 요소인 물, 잔디, 나무, 꽃 등이 있는 분위기에서 깨끗한 산소를 마시고 싶어 한다. 그래서 좋은 공원을 계획하려면 우선적으로 호수와 조경에 비중을 많이 두어야 한다. 자연스러운 시골 풍경, 혹은 자갈과 모래가 있는 바닷가 풍경을 그대로 도시 한복판에 연출시키는 경우가 잦아지고 있다. 도시인들은 자연 풍경을 보고, 느끼는 생활을 하고 싶어 한다.

초기의 놀이공원(Pleasure grounds)은 가족 단위나 교회에서 온 사람들이 돈을 주고 즐기는 놀이 문화의 성격을 띠고 있었다. 그것은 지금과 같이 도시가 복잡하거나 건물이 많이 없었기 때문이다. 아이들은 뛰어 놀고, 어른들은 줄을 지어 승마와 산책을 하는 등 어른과 아이들이 함께 어울려 비교적 단순한 여가를 즐겼다.

단순한 놀이 광경을 지켜보는 사람들은 이러한 광경을 보면서 정신적으로 활기를 찾았는데, 이러한 즐거움은 현대의 스타디움을 바라보는 관람객들이 갖는 즐거움과는 전혀 다른 형태의 즐거움이었다.

놀이동산을 추진하는 사람들은 대부분 옥외에서 활동하는 계획을 세웠고, 옥외공간을 이용하는 사람들은 대부분 실내에서, 특히 실내의 인공 조명 아래에서 장시간 동안 일하는 사람들이었다.

도시에서 자연의 확장은 피곤한 사람들에게는 휴식의 확장일 뿐만 아니라, 그들 마음의 사용되지 않는 부분을 자극하고 훈련시켰다. 오늘날 Frederick Law Olmsted와 그의 동료들은 뇌의 오른쪽 부분, 즉 공간의 지각, 소리, 운동 순서, 음과 음악을 자극하는 것을 시도하기도 하였다. 잘 계획되고 설계, 디자인된 놀이공원(Pleasure grounds)은 운동, 지시 사항, 심리적 재충전 등을 제공하고 대

》 미국, 시카고
1898년도 잭슨공원의 모습
넓은 공간에 특별한 시설물 없이 모든 사람들은 공원의 즐거움을 만끽하고 있다.

》 미국, 뉴욕
Lewis Miller가 처음으로 스케치한
뉴욕의 샌트럴 공원과 박물관 디자인

중의 문화적 인식으로부터 일어나는 즐거움을 준다. 특히 공원의 산책길은 자연을 만끽할 수 있는 심리적인 요소로, 새롭게 기분전환도 할 수 있다.

1893년 후반, 미국 San Francisco의 공원 행정 관계자들은 공원 이용자들이 즐거워할 수 있도록 새로운 자연 숲을 조성하여 확산시켰다. 사람들은 조성된 자연 숲에서 친구들을 만나거나 책을 읽는데 시간을 보내기도 하였고, 심지어 하루 온종일을 그곳에서 보내기도 하였다. 또한, 다람쥐와 새들을 바라보기도 하고, 음악을 듣기도 하고, 크로켓을 치기도 하고, 배를 타기도 하고, 자신들의 아이들이 노는 것을 보기도 하는 등 다양한 즐거움을 만끽하기도 하였다.

공원에서 하루를 보낸다는 것은 육체적으로 편안함을 주는 것(Creature comforts)으로 음식물, 야외 식탁, 의자, 바비큐 그릴, 휴식 공간, 그리고 다른 많은 보조 건축물도 필요로 한다.

공원 안에는 시민의 편리를 위한 부대 시설물과 램프, 벤치, 그리고 긴 의자와 같은 거리 가구가 어우러지는 계획이 필요하다. 또 당시의 미국 공원 계획자들은 음악회를 열 수 있는 장소를 계획하며, 시민들이 문화를 즐길 수 있는 공간을 제공하였다.

〉〉 영국, 런던

1856년도 공원 디자인의 모습을 나타낸 그림은 J.W.Carmichael가 제작했다.

음악은 고전음악과 대중음악이 연주되며 음악회의 중요함에 따라 공원 계획자들은 오락물, 놀이, 음악을 위한 공간을 제공하게 되었다.

1890년대 인기 있는 운동경기들은 공원 계획의 큰 장소를 차지했다. 야구가 가장 인기가 있었고, 축구와 라크로스(Lacrosse)도 인기가 있었다. 세계 전쟁 말부터 축구 경기가 개최되어 왔으나 공원은 1890년대까지 이것을 위한 시설을 갖추지 못했다.

자전거 역시 공원에서 타기 힘들었으나 1890년에 뉴욕, 시카고, 샌프란시스코 사람들은 특별히 자전거와 아동용 세발 자전거(Velocipedes)를 탈 수 있도록 만

〉〉 미국, 시애틀
1920년도 처음으로 주차하고 즐길 수 있는 'Auto park'는 많은 사람들에게 새로운 공간, 기능, 생활의 즐거움을 갖게 했다.

들어진 도로에서 탔다. 심지어 1895년에는 Lincoln과 Jackson 공원이 자전거 경주를 주최하기도 했다.

공원 계획은 대중이 필요로 하는 문화적 배경과 즐길 수 있는 새로운 분위기를 창출하는데 중점을 두어야 한다. 우리가 공원에서 사람들에게 즐거운 정보를 줄 수 있다면, 그것 또한 뜻 깊은 일이 될 수 있다.

공원은 박물관, 동물원, 식물원, 수목원, 수족관, 기상관측소, 그리고 음악 공연장 등 다양한 장소로 사용 가능하며, 심지어 작은 동물이나 식물 전시를 통한 자연 교육장으로도 사용 가능하다.

전체적으로 미국 공원들을 살펴보면 New York의 Coney Island, Chicago's Riverside, 그리고 San Francisco의 Woodward Gardens 등은 유럽 도시들의 놀이동산보다 더 준엄하고 광범위한 시설을 갖추고 있다.

Vienna의 Prater에 있는 긴 연장선은 방문자들에게 수많은 식당, 찻집, 극장, 원형곡마장, 볼링장, 사격장, 운동장, 그네 등을 제공했다. 공원 안에는 운동장 외에 오락을 즐기고, 몸과 정신의 건강을 증진시킬 수 있는 넓은 장소가 있었다.

대도시 안의 공원은 자연을 끌어들일 수 있는 매력이 있고, 신선한 영감을 주며, 마음과 영혼에 편안함을 주는 휴식처이기도 하다.

자연을 즐길 수 있는 공간 안에는 열려진 공간들(Open fields), 나무, 새들과 꽃, 강, 호수, 그리고 하늘이 있다. 그것들의 아름다움을 보고 감상하는 놀이 공원(Pleasure ground)은 마음을 진정시키고,

》 미국, 샌프란시스코
1952년도에 공원과 레크레이션 개념의 시설물은 공원의 역사가 짧기 때문에 단순했다.

자연을 사랑하는 마음을 갖게 해 준다.

공원은 체력 증진과 건강 유지, 즐거움을 더해주는 놀이기구, 자연을 만끽할 수 있는 열려진 초원(Open Greens), 운동경기를 하는 공간, 야영을 위한 공간, 배를 타거나 스케이트를 타는 공간 등의 다목적 개념으로 계획되어져 가고 있다.

미국의 현대 공원은 꾸준한 노력을 하고 있고, 자연적인 풍경과 인공적인 자연을 복합적으로 계획 설계하고 있다.

공원의 기능을 높이는 것은 환경을 대중에게 제공하는 것이다. 공원 안에 자연주의적 환경을 바탕으로 한 인공적 요소, 즉 인공적인 꽃밭, 인공 나무, 인공 잔디밭 등이 디자인되고 많아지는 이유는 자연의 아름다움이 사람들에 의해 손상되고, 파괴되고 있기 때문이다.

미국 샌프란시스코에는 가장 높은 언덕의 꼭대기에서부터 도시 중심과 골든게이트 국립공원(Golden Gate Park)의 Aveneu를 거쳐, 군사 기지인 Presidio로 연결된 공원이 있다.

보스턴에서는 공원 길(Parkway)이 강 흐름을 따라 계획되었다. Chicago의 Horace Cleveland는 거리(the boulevards)의 분위기를 좋게 하는 각종 나무들을 심어 자연을 흠뻑 느끼게 한 공원 설계로 유명하다.

19세기 도시에는 대부분 규모가 작은 부지에 공원들이 형성, 계획되었고 샌프란시스코 같은 경우 1855년부터 규모가 큰 공원 계획이 이루어졌다.

초기 공원이라는 공간은 대중 광장(Public Square)과도 같았다. 공원은 사회적으로 인식도가 낮았으며 목적 등에 관계없이 자유롭다는 것만 생각했었다. 그래서 그 공간 안에는 가축 쇼, 노새 시장, 채소와 과일 시장, 건초 시장, 재목장(Lumber Yard), 경매장, 수레바퀴 가게, 목수 가게, Engine House 등이 있고, 마차와 같은 모든 종류의 탈것들로 장사진을 이루고 있어 마치 폐품 시장 같은 풍경을 연출하기도 했다.

그 후 공원 계획에 의해 많은 발전이 거듭되면서 나무가 심어지고, 울타리가 세워지고, 산책로와 벤치가 만들어지고, 신선하고 우람한 초목들에서는 향기가 났다. 그리고 작은 소년 소녀들은 우물가에서 손으로 물을 저으며 금붕어를 잡으려 하고, 넉넉한 하얀색 조끼를 입은 단단한 노인은 작은 소년들이 물속으로 넘어지는 것으로부터 보호하고 있다. 간호사들은 돌보는 환자들을 즐겁게 해주려고 노력하고 있고, 연인들은 부드러운 이야기를 나누고 있는 공원 풍경을 연출했다.

당시 샌프란시스코에 있는 Woodward' s 공원에는 매일 수백 명의 사람들이 방문했다. 이곳은 평화로운 경사면의 가장 좋은 휴양지로도 알려져 있는데, 박물관, 미술전시관, 동물원, 소풍 장소, 배타는 곳, 도서관, 그리고 일요일 음악회, 풍선 날리기, 인기 있는 조류사육장 등이 있으며, Golden Gate Park가 세기말 인기를 얻을 때까지 야외 즐거움을 위한 Mecca(동경의 대상)였다.

3. 도심 속 공원과 도시 이미지

시대가 급변하고 있다. 세계의 각 도시들은 도시의 자생력을 갖추기 위해 많은 노력을 하고 있고, 첨단 과학 시대를 방불케 하는 시스템 도입으로 도시는 새롭게 거듭나고 있다. 또한, 차별된 이미지를 구축하기 위해 안간힘을 쓰고 있다. 우리나라도 지금에서야 도시환경디자인을 인식하고 정부 차원에서 추진하고 있다.

현대 도시의 평가 기준은 자연 공간과 개방 공간의 배려 정도이다. 그래서 신도시로 탈바꿈하기 위해선 도심에 많은 공원을 유치해야 한다. 그리고 새로운 도시를 건설할 때 시민의 의견과 욕구에 대한 중요한 문제점을 해결하지 못하면 도시는 도시로서의 기능을 못하게 된다. 도심에 자연 공간을 마련하지 못하면 사람들이 떠날 수도 있기 때문이다.

공원은 도심 속에 다음과 같은 좋은 환경을 만들어준다.

- 도시를 도시답게 하고, 여유와 에너지를 창출시킨다.
- 변화하는 사계절의 자연을 만끽할 수 있다.
- 공원은 새로운 환경의 변화가 용이하고, 비용이 비교적 적게 드는 휴식 공간으로도 사용 가능하다.
- 도시마다 색다른 이미지를 연출하고, 낮과 밤의 각각 다른 모습의 연출이 가능하다.
- 도시를 살아 숨 쉴 수 있는 자연 풍경으로 만들 수 있다.

그러므로 도심 속의 공원은 편안하고 여유로운 환경을 연출시켜 도시의 이미지를 살릴 수 있다.

전 세계의 현대 도시는 너무 복잡하여 많은 사람들이 더욱 안락하고 쾌적한 지역인 시외로 떠나고 있는 것이 오늘날 도시의 현실이다. 이러한 이동에 따라 비즈니스도 함께 옮겨가는 현상까지 일어나고 있어 도시는 더 황량하고 경제력 없는 곳으로 변해가고 있다. 경제력이 없는 도시는 낮에는 비교적 복잡하지만 밤에는 사람들이 다 떠나고 없어 극장, 식당, 상점 등이 안 되기 때문에 도시는 밤까지 이어지는 경제권이 차단되는 실정이다.

시외에 사는 사람들은 도시에 가면 길이 너무 복잡하다. 어디가 어디인지 분별이 안 된다. 목적지를 찾을 수 없다. 그리고 도시에 가면 주차할 곳이 없다고 말한다.

이렇게 많은 사람들이 불만족스러워 하는 도시는 좀처럼 찾고 싶지 않은 곳으로 기억 되는 실정이다. 도시를 가고 싶지도 않고, 무엇보다도 갈 필요성이 없는 것이 문제로 대두하고 있다. 그래서 오래전부터 아파트 단지를 계획할 때 개방공간, 즉 공원, 놀이터, 녹지대를 넓혀야 되는 법이 강화되고 있다. 그리고 서울시를 중심으로 도시환경디자인의 중요성을 인식하고 자연 공간 확보와 도시를 가꾸어가는 계획들이 활발히 진행되고 있다. 이것은 삶다운 삶을 찾고, 깨끗한 도시를 만들고, 특색 있는 도시의 이미지를 찾아 우리의 삶의 질을 높이자는 이유에서다.

〉〉 로스앤젤레스, 스포츠 오 콜 해안 지역, 도시의 이미지

녹지대가 확보된 공원, 개방 공간 등 도시의 전반적인 도시환경디자인을 도입한다면 자연이 있는 시골로 이주하는 도시민들을 다시 도심으로 끌어들이는 좋은 해결책이 될 것이다. 아울러 도시를 살리려면 시민뿐만 아니라 도시를 찾는 모든 사람에게 다각적인 서비스를 제공하고, 쾌적한 좋은 환경을 보여주고 제공해야 한다. 이를 위해선 크고 작은 공원, 엔터테인먼트 빌딩, 컨벤션 센터, 대형 쇼핑몰, 마켓, 거리의 축제 및 이벤트 등을 추진하고 또한 다목적성으로 접근시켜야 한다.

〉〉 로스앤젤레스, 스포츠 오 콜
대포 모양의 상징물이 해변의 특별한 개방 공간으로서의 풍취를 돋우어주고 또한, 도시의 이미지를 살려준다.

〉〉 캘리포니아, 어바인 파크 동물원
동물들이 있는 공원은 도시의 이미지를 한층 더 부각한다.

〉〉 미국, 보스턴에 있는 미술전시장
공간의 모뉴멘트는 자연의 소중함과 도시를 아름답게 한다.

그러나 이러한 것들이 제공된다고 해서 도시의 기능이 완벽한 것은 아니다. 그 이전에 충분한 자연 공간 확보가 이루어져야 도시를 살릴 수 있다. 이러한 전략은 도시로 사람들이 오도록 유도하고, 그 도시에 계속 머물게 하는 방법이다. 또한, 정부와 모든 시민이 함께 참여한다면 더욱 빠른 시간에 도시를 회복시키고 활성화시킬 수 있다.

본래 환경디자인은 상품과 제품을 만드는 기업에서 제일 많이 적용을 시켜왔다. 그러나 현대에는 도시에 환경디자인을 적용하는 사례가 많아지고 있다. 그리하여 공원 계획이 계속적으로 도시 속에 확대되며 개선되고 있다.

도시는 시외에 있는 지역과 경쟁을 하면 안 되며, 경쟁을 하려면 다른 도시와 경쟁을 해야 전체 지역이 함께 발전할 수 있다. 지역의 중심에 있는 도시가 우선적으로 개발되고, 그 다음에 외곽에 있는 도시가 서로 균형을 이루어 개발되어야 한다. 도시의 중심은 쾌적한 생활권, 상업권, 지역의 문화, 재미있는 볼거리 등이 많이 있는 곳이다.

》 뉴욕, 센트럴 파크의 공원

》 로스앤젤레스, 올베라 스트리트. 멕시칸 이주민의 커뮤니티 공원과 함께 어울어진 상업 지역의 풍경과 도시 이미지

4. 도심 속의 공원 디자인과 미래

미래 도시를 계획하고 현재의 도시를 발전시키기 위해선 지역이 지니고 있는 잠재력을 개발하고 대중이 공유할 수 있는 크고 작은 공원이 확산되고 조화를 이루어야 한다. 도시민을 위한 공원이 연출, 디자인되고 지역의 특수성을 최대한 살린다면 지역의 개성 있는 특성을 스스로 갖게 되어 다시 찾고 싶은 도시로 발전하게 되는 계기를 마련할 수 있다.

각 도시가 가지고 있는 대중을 위한 공간 시스템을 통하여 어느 때나 시민을 위한 자연 안에서의 휴식, 놀이, 즐거움을 제공하게 되면 도시는 살 수 있다. 제일 중요한 것은 작은 공간부터 개척하는 것, 즉 대중과 그곳에 살고 있는 시민의 마음에 와 닿는 것부터 시작하는 것인데, 이렇게 하면 도시의 문제점 해결과 도시가 지니고 있는 잠재력 향상을 동시에 이룰 수 있다.

대중들이 즐길 수 있는 공간인 공원들은 아름다운 도시를 만들기 위한 첫 번째

〉〉 뉴욕, 센트럴 파크의 거리 환경

단계가 될 수 있다. 도시에서 공간 확보의 의미는 무분별한 땅의 사용을 막고, 쓰레기 하치장, 묘지, 빈민 지역, 강가, 오래된 부두, 옥상, 버려진 공간 등을 효율적으로 이용하는 것이다.

도시 발전을 위한 또 다른 계획으로는 놀이 문화 개선, 아름다운 도시 디자인, 레크리에이션 서비스 제공 등이 있다. 우리가 살고 있는 지역에 많은 자연을 끌어들이고, 쓸 수 없는 버려진 땅에 어린이들이 놀 수 있는 공간을 디자인한다면 도시는 많은 발전을 할 수 있다.

1910년대 미국 뉴욕시의 Backyard Playground Association(뒤뜰 놀이터 만들기 단체)은 쓰레기를 줍고, 청소하고, 정부 건물과 기타 공공 건물의 벽을 허물어 정원과 모든 공간을 도시민과 함께 공유하는 운동을 전개하기도 했다.

당시 미국의 공원 부서와 Tenement House Committee of the Charities Society(주택협회)는 주택 건설업체와 설계자에게 콘크리트로 담을 만들지 말고 나무로 된 담을 만들기를 권유했다. 또한, 눈에 잘 보이는 메탈로 된 재료를 사용해 빛과 공기가 잘 통할 수 있고 동시에 어린이들이 놀 수 있는 공간을 제공하는 방법으로 범죄 예방을 하는 도시를 만들어 갔다.

그 후 1915년 정부에서는 버려진 땅들의 사용을 하나 둘 시행했고, 놀이터로 지정하였다. 그리고 이러한 모든 일들을 감독하고 발전시켜 나아가는 일들이 오늘까지도 이어지고 있다. 우리나라도 몇 년 전부터 관공서의 벽을 허물어 열린 공간으로 함께 공유하는 계획을 벌이고 있지만 실행 정도는 아직까지 미비하다.

건축물에는 많은 투자를 계획하고 있는 반면 도시민이 이용할 수 있는 공원과 개방 공간 확보, 디자인 면에서는 매우 적은 투자만이 추진되고 있어 안타깝다. 공간 확보의 의미는 미래 도시 계획과도 연결되어 있다.

재건축을 계획하거나 신도시를 추진할 때 제일 먼저 개방 공간 안의 공원 공간을 확보해야 한다. 그렇지 않으면 미래가 없는 도시로 전락할 수도 있다. 미래의 도시에서는 개인 공간은 축소되고 대중들이 함께 공유할 수 있는 공간이 확대되는데, 이래야만 아름다운 도시로 자리매김할 수 있다.

공원은 아름답고 안전하게 디자인되어야 한다.

미국의 놀이공원(Pleasure ground) 설계 디자이너들은 그림(Informal

〉〉 미국, 샌디에이고

이 공원 안에는 비록 몇 개의 벤치와 운동 기구가 설치되어 있지만 주민들은 이 공간이 있으므로 자부심을 갖게 되며 내적으로는 마음의 평화, 자연, 여유 등을 느낄 수 있다.

〉〉 미국, 로스엔젤레스

올림픽 공원, 한인 타운에 있기 때문에 한인이 많이 이용하는 공원이다. 공원은 관리를 못하면 기능을 상실한 폐허 공간과 우범지역으로 변한다. 공원 디자인을 할 때 안전을 최우선적으로 입안해야 한다.

Picturesque Approach)과 같은 인공적인 공간과 이상적인 분위기를 창출하려고 많은 노력을 했다. 유럽 궁전 공원인 베르사이유(Versailles) 같은 대칭적, 이론적, 기하학적, 건축학적으로 접근을 했으며, 그림 같은 자연적인 요소가 풍부한 공원을 만들고, 황무지에 문명을 연출하는 공원 디자인을 계획했다.

대중을 위한 자유 공간과 아름다움을 합친 공원 디자인 안에는 장엄하고 깊은 산세, 긴 폭포, 바위산 등의 부드러움과 조화로움, 조용함, 질서가 있는 연출로 계획했었다.

17~18세기 유럽의 놀이정원(Pleasure Garden)은 자연과 예술 사이의 다음과 같은 3가지 규칙에 따라 설계되기도 했다.

(1) 정원은 자연 이미지 그 자체를 나타내야 한다.

(2) 자연을 반영하면서도 주변 경치와 다른 분위기를 창출시킬 수 있어야 한다.

(3) 자연스러운 요소물의 대비와 자연 공간이 강조되어야 한다.

》 영국, 런던

런던시 한복판에 있는 공원은 나무와 잔디, 그리고 간단히 운동하는 농구코트 등으로 구성되어 있다. 상점, 사무실 등으로만 꽉 찬 도시에는 이러한 공간이 최고의 휴식 공간이 된다. 또한, 미래의 공간이기도 하다.

〉〉 미국, 메사추세츠 웰슬러
어린이를 위한 정원과 같은 공원이 도심 속에 설계되었다.
폭이 좁은 수로와 벤치, 분수대, 구조물 디자인은 어린이 위주로 재미있고 안전하게 계획되었다.

이에 따라 당시 미국 놀이공원(Pleasure ground)의 디자인과 목적은 자연이 실제로 제공한 것에 따르지 않고 자연에 의해 제공되는 자연적인 풍경의 인공 자연 공원을 만들었다.

이런 자연주의적 환경(Setting)의 인공적 요소를 계속 검토했으며, Golden Gate Park의 개발되지 않은 부분에 철도를 놓을 계획서를 만들 때 한 샌프란시스코 사람이 말했다.

"만일 (개발되지 않은 이라는 말이) 꺾여진 풀, 루핀(Lupine), 그리고 저속하고 무지한 사람들이 잡초라고 부르는 야생식물에 적용된다면 그것은 비상식적이고 오도된 것이다. 개발되지 않은 땅들은 매우 인공적인 꽃밭이나 잔디밭보다 더 흥미로운 곳이다. 그 거친 요새지(Presidio)는 공원이 잃어버린 많은 매력을 가지고 있다."

〉〉 프랑스, 파리
도심에 공원은 도시가 지니고 있는 특성을 고려해 디자인 계획되어야 한다.
경비를 많이 투자한다고 좋은 공원이 만들어 지는 것은 아니다.

많은 대중 공원들의 문제는 그곳에 너무 많은 조경 정원이 있다는 것이다. 그 예는 샌프란시스코에 있는 Golden Gate Park로서 그것은 너무 인공적이다. 자연의 아름다움은 사람의 손에 의해 손상되고 있다. 하지만, 사람이 자연을 개선할 수는 없다.

공원 디자이너들은 많은 경험과 자연 풍경의 요소, 정확함, 그리고 미적 구조를 살려 공원을 디자인한다.

1922년 샌프란시스코에 10에이커의 공원 토지를 다시 재조성하는 공사가 있었다. 그곳은 실내와 실외의 시설로 구성되어 있으며 관목 숲으로 둘러싸여 있었다. 실외의 시설에는 두 종류의 게임과 달리기, 모래로 된 놀이터, 물놀이를 할 수 있는 수영장, 야외 체육관, 그리고 10명 미만의 어린이들이 놀 수 있는 그네와 시소 등이 있고, 부속 건물은 공원 중간에 위치해 있으며 측면으로는 아이들의 놀이터와 대칭적으로 균형이 잡혀 있다.

표면의 중심은 놀이터로 이어지게 되어 있다. 부속 건물인 실내 시설에는 강당과 무대 시설, 휴대품 보관소, 클럽의 회의실, 휴게실, 국립도서관, 실내체육관과 남녀 탈의실 등이 있다. 남녀 체육관에는 traveling ring, 장대 던지기, 장애물 넘기, 넓이뛰기, 창던지기, 장대높이뛰기, 경주용 트랙, 야구 코트, 농구 코트, 고리 던지기 등을 할 수 있는 기구가 있고, 특히 여성 체육관에는 그네가 추가되어 있다.

공원은 전체가 균형 잡힌 구성으로 설계되었고, 공원이나 정원의 보도와 차도의 넓이는 최대한 줄여 다른 공공장소로 쓸 수 있게 만들었다. 개방 공간은 시각적인 면을 더욱 비중 있게 생각했다. 숲과 나무의 분배, 건축물과 landscape의 위치 선정, 크기, 조화 등의 고려를 보다 많이 생각했다.

아이들을 위한 채소 농장(학교에 있는 채소 농장 포함)은 공원으로부터 떨어진 공간에 배치되어 있다. 줄지어 있는 여러 개의 작은 채소 농장은 4ft.×8ft.로 구분하고 있다.

아이들의 작은 토지의 농작물은 비슷하게 구성되어 있어 아이들이 그곳에서 농작물을 쉽게 구분하고 수확할 수 있게 하였다. 또한, 선생님들이 학생들의 농작물을 쉽게 구분하고 조언할 수 있도록 했다. 작은 토지에 들어가는 하나의 교육은 학교 전체의 교육 프로젝트에 들어가고, 이러한 교육은 학교 전체 학생들이 식물의 중요성을 배우고 서로서로 도울 수 있는 계기를 제공하는 좋은 교육 프로그램이다.

공원을 고치거나 새로 단장을 할 때 디자인은 실용성을 고려해야 한다. 예를 들어 물을 사용하는 시설일 경우 심리적인 효과만이 아닌 실용적인 부분, 즉 풀장, 수영장, 수영 전후 샤워까지 할 수 있게 만드는 것이다. 샤워장은 주로 수영장이나 체육관, 라커룸 등에서 가까운 곳에 배치시켜야 하며, 실내와 실외 체육관의 거리에서도 가까운 곳에 배치시키는 것도 고려해야 한다. 공원을 조성할 부지는 굴곡이 있는 땅보다는 비교적 평평한 곳이어야 하며, 야구장이나 육상 트랙 등을 수용할 수 있는 장소가 좋다. 많은 경기는 주로 단단한 경기장 바닥을 선호하며,

〉〉 미국, 뉴욕, 퀸스

1998년도에 건축된 도심 속의 미래 휴식 공원

강과 도시 건축이 조화를 잘 이루고 있다. 이곳은 낚시도 하고, 휴식도 하고, 나구치정원 박물관에서 관람도 할 수 있다. Associates에서 디자인했다.

복잡한 빌딩 숲 사이에서 많은 인파와 서로 경쟁하며 살아가는 현대인들에게 재충전의 원동력을 가져다 주는 자연을 도입한 많은 휴식 공간이 제공되어야 한다.

풀이나 잔디와 같은 바닥은 다양한 경기를 하는데 제한을 받는다. 또한, 도시 중심의 공원 잔디는 많은 사람이 이용하므로 관리, 유지가 용이하지 못하다.

그리하여 공원 길은 거미줄과 같은 형태의 디자인으로 잔디를 대신한 자갈길을 만들게 된다. 자갈길은 유지가 쉽고 잔디처럼 훼손되는 것을 많이 줄일 수 있는 장점이 있다.

당시 공원 관계자들은 City Beautiful이라는 캠페인을 하였는데, 이 캠페인으로 빌딩 주변과 입구, 복도에 박스를 만들어 꽃을 심었고, 꽃꽂이로 장식을 하게 되었다. 이런 캠페인으로 인하여 실내 환경을 운치 있게 만드는 효과를 거두게 되었고, 아름다운 공원 하나가 도시를 아름답게 만들기도 했다.

공원 안에서의 놀이기구나 체조기구는 매우 다양한 종류가 있다. 1913년 뉴욕의 공원 관리 부서는 놀이터에 배치하는 놀이기구들을 놀이기구 책자에서 주문하기보다는 직접 환경에 맞게 제작하였다. 그 예로는 공원 게시판, baby hammocks(달아매는 그물 침대), baseball back stops, basketball back stops, gymnastic bucks, 빌딩 블록, chest weights, 줄 매달리기, croquet set(잔디 위에서 하는 공놀이), 인형집, 종, 여러 종류의 판자 놀이, 여러 종류의 체조기구, 유치원생 벤치, 유치원생 테이블, 보통 사이즈와 베이비 사이즈의 그네, 시소, 줄타기, 철봉, 정글짐, tether ball poles(일종의 공놀이), 여러 종류의 공놀이 장소, 장대높이뛰기 등이 있는데, 이렇게 여러 종류의 놀이기구와 체조기구를 직접 제작했다.

도시 안의 작은 공원이나 놀이터에서 제일 먼저 시작한 프로젝트는 공원 주변과 놀이터에 작은 울타리를 만드는 것이었다. 공원 주변의 울타리와 작은 공고 표지판은 사고를 예방하는 도구가 되어 준다.

이와 같은 예로 뉴욕에 있는 Corlears Hook 지역은 공원에 있는 아이들의 농장에 낮은 담장을 만들었고 사람들이 쉬며 기댈 수 있는 곳도 함께 만들었다. 그로 인하여 어른들은 아이들을 보면서 이야기 시간을 나눌 수도 있고, 개와 같은 여러 동물들의 침입을 막아 아이들을 보호할 수 있게 되었다. 또한 철조망으로

》 독일, 듀이스버그
공원 속의 정원, 대중 공간 안에 꽃과 잔디로만 디자인되었다. 단순하지만 동화책 속에 나오는 한 폭의 그림과도 같은 공간 디자인이다.
경비를 많이 들여서 디자인 설계되는 것도 있지만, 적은 예산을 가지고도 봄에 정원 향기를 모두가 맛볼 수 있다.

만들어진 큰 팬스(fence)는 공원에서 야구를 안전하게 즐길 수 있게 해주었다. 이것은 오늘날 우리가 물려받은 1920년대의 유산이라 할 수 있다.

도심 속의 공원 디자인과 계획은 지속적으로 발전시켜 나아가야 한다. 또한, 더욱 많은 공간을 시대에 맞게 연출하여 도시 주민에게 제공해야 미래의 도시로 자리 잡을 수 있다.

〉〉 프랑스, 도두니

도심에 버려진 자연, 새로운 인위적 자연의 휴식 공간 정원과 같은 공원을 창출시켰다. 디자이너는 Kathryn Gustatson으로 1992년도에 개발되었다. 면적은 15에이커, 짧게 머물 수 있는 공간에 가지각색의 정원 역사를 현대화시킨 공원의 사례이다. 대중 공원에는 도시가 내려다보이는 전경과 풍향계, 산책로, 분수대. 수로 등으로 디자인되었으며, 지역 주민은 새로운 공원에 자부심을 가지고 자연 사랑을 한층 더 느끼게 한 미래 디자인 사례이다.

〉〉 미국, 뉴욕, 밀부럭

호수가의 정원과 같은 공원 디자인은 Walter Beck과 Lester Collins의 공동 작품이다.

주제는 '컵 정원'으로 자연 속에서 또 하나의 자연을 끌어드린 작품으로 유명하다. 자연의 이미지, 자연의 운치를 극대화했고, 컵의 이미지와 자연의 조화를 모든 휴식 공간에 적용시켰다. 면적은 182에이커이다.

02 도심 속의 휴식 공간

1. 도심 생활 속의 휴식 공간

미국에서의 도심 생활 속 휴식 공간 계획(The Street Life Project)은 1970년경부터 활발하게 전개되어 기존의 프로젝트가 개선되고 새로운 프로젝트가 생기는 등 많은 연구가 이루어졌고, 지금까지도 논의의 대상이 되기도 한다.

우리나라의 대표적인 대도시인 서울, 부산 같은 밀집 지역의 경우 한치의 여유 공간이 없는 환경이 되고 말았다. 그래서 복잡함에서 벗어나 자연을 느끼기 위해 시외로 탈출하는 도시인들이 많아지고 있다. 이러한 탈출 현상을 막기 위해 도시 안의 휴식 공간은 절대적으로 필요하며, 휴식 공간을 늘리고 넓혀야 한다는 시민의 목소리는 더 커지고 있다. 도심에 휴식 공간이 없다면 숨 막히는 도시 생활의 연속으로 도시를 외면하게 될 것이다.

휴식 공간의 유형으로는 크고 작은 공원, 놀이터, 거리에서의 공간, 벤치, 상업 건물 주변에서의 구조물, 분수대 주변, 육교 주변, 잔디밭, 가로수 주변, 잠시 앉아 있을 수 있는 공간과 구조물, 자연의 공간 등이 있다.

또한, 디자인과 환경디자인이 잘된 곳이라면 휴식 공간에 포함된다. 이 공간 안에서는 사람들이 휴식을 취하기도 하고, 만남, 놀이, 수다 등 많은 기능을 펼칠 수가 있기 때문에 피로 혹은 스트레스를 풀 수 있는 공간이 되기도 한다.

〉〉 캐나다, 밴쿠버
바닷가는 모두의 휴식 공간이다. 휴식 공간 안에서는 큰 소리를 내거나 무질서한 행동 등이 보여지면 안 되며 공중도덕과 공공질서가 함께 이루어 질 때 휴식 공간이 될 수 있다.

The Street Life Project 같은 연구는 뉴욕시 공원들과 놀이터 혹은 도시의 버려진 공간, 자투리땅 등 같은 여유 공간에서부터 시작하였다. 그러나 인구 밀집이 의외로 낮아 많은 지역에 시민이 살고 있지 않았다. 몇몇 지역을 제외하고는 대부분 한산했기 때문에 이 지역에 휴식 공간을 설치한다는 것은 성립되지 않았다.

반면에 도심 거리 주변의 많은 공간들은 폐허 같은 공간들로 여전히 어린아이들을 끌어들이지 못했다. 사람들은 대부분 어린이들이 거리에서 노는 이유가 놀이터 공간이 없기 때문이라고 추측한다. 하지만, 많은 어린이들이 거리에서 노는 이유는 거리를 더 좋아하기 때문이다.

당시 특별한 시설물이 없는 거리의 공간들을 놀이공간으로 사용했다. 거리 자체가 노는 공간 혹은 휴식 공간의 기능을 하였다.

주거 지역에서 거리와 인접한 현관 계단이나 비상 계단은 어른들이 거리를 바라볼 수 있는 최상의 장소로, 휴식 공간으로 사용되었다.

도심에서 휴식 공간을 제공하려면 공간의 기초적 요소들이 갖추어져 있는지 꼼꼼히 따져보고 연구하여 결정하는 것이 좋다.

당시 미국에서 기초적인 요소를 갖춘 지역으로는 막힌 골목길, 전철역 주변, 계단 등이 있었다. 이러한 공간들은 다운타운의 경우 많은 사람들이 이용하기도 했다. 그 공간을 정보 교환, 놀이와 휴식 같은 여가 수단으로 활용하고 있었다. 어떤 공간은 시간이 지날수록 사람들이 더 모여들어 포화 상태가 되는 경우도 있었다.

1961년부터 뉴욕시는 플라자(Plaza : 광장, 쇼핑몰)를 제공하는 건축가들에게 보너스를 주었다. 플라자의 한 스퀘어피트당 상업 건물의 제한 층수보다 10층을 더 올릴 수 있게 인센티브를 주는 식이다. 그러한 제도가 실행된 이후 플라자를 제공하는 건축가들은 모든 새 오피스 빌딩 주변에 휴식 공간을 설치하는 계획을

〉〉 스페인, 세비아
도심 안에 벤치 하나만 있어도 사람들은 몰려든다.
주변 환경이 쾌적하면 최고의 휴식 공간이 만들어 질 수 있다.

1. 도심 안에 휴식 공간은 다양하다. 기능, 구조, 장소, 여건, 조건 등 다양성을 띠고 있어 세심한 계획과 실행이 되었을 때 도시의 이미지가 달라질 수 있다.
2. 상업 지역에서 휴식 공간
3. 미니 공원에서의 휴식 공간
4. 공원에서 휴식 공간
5. 축구경기장도 축구를 즐기는 애호가들의 휴식 공간이다.

추진하게 되었다. 그래서 미국은 짧은 역사를 가지고 있음에도 대부분의 도심에 많은 광장들이 계획되었고, 그곳이 곧 도시민의 휴식 공간으로 이용되고 있다. 특히 점심시간에 많은 사람이 모여서 휴식을 즐길 수 있는 아이디어로 크고 작은 공간이 각광받기도 했다.

당시 시에서 아이디어를 준 대표적 사례로 시그램(Seagram)빌딩 주변 광장 계획을 들 수 있다. 1958년에 건설된 광장은 거대하고 기품 있는 공간으로, 날씨가 좋은 날에는 많은 사람들이 휴식과 일광욕을 즐기며 여가를 보냈던 곳으로 유명하다. 이곳은 젊은 사람들이 많이 모인다는 이유로 더 많은 사람이 좋아했고, 모여들었다.

〉〉 공공 지역에서의 휴식 공간

〉〉 개방 공간 구조물에서의 휴식 공간

〉〉 미국, 샌디에이고
도심 거리의 휴식 공간 기능은 그늘, 벤치, 낮은 구조물이 포함된다.

도시 생활에서 비록 규모가 작은 광장이나 공원이라 해도 이러한 공간은 도시민에게 활력을 주고 유익한 생활 문화를 만들어 줄 수 있다. 따라서, 이러한 모든 공간들은 개발되어야 하고 특히 좋은 디자인이 입안되어야 한다.

이러한 일들이 추진되려면 도시 개발위원회를 구성하여 사회단체, 건축가, 사업가, 개발자, 부동산 관계자 등이 시 당국과 함께 힘을 모아야 한다.

도심 생활 속의 휴식 공간을 계획하거나 재개발할 때 그 지역 주민 혹은 외부 사람들이 어떠한 기능을 요구하는지도 연구 대상이 되어야 한다. 도시민의 일상적인 패턴은 어떠한지, 인구 밀집 지역인지, 어떠한 직업에 종사하는지, 그 지역을 어떻게 생각하는지, 어떠한 행동을 하고 있는지 등이 연구 대상이 된다.

도심의 광장 이용은 주변 빌딩에서 일하는 사무직 중 젊은 층이며, 작은 공원은 오가는 행인과 노인층이 많이 이용하는 점이 비교 분석된다.

인구통계학에서는 “공급은 요구를 만든다.”라는 좋은 도시 공간에 대한 기본적인 점을 강조하고 있다. 새로운 공간들은 또 다른 새로운 분위기와 이미지를 창출할 수 있고, 사람들은 이러한 새로움에 쉽게 자극받고 길들여 진다. 일하러 다닐 때 휴식할 수 있는 새로운 장소는 또 다른 새로운 방향으로 안내할 수 있다. 시카고의 한 광장에는 편의 시설이 없었다. 그러나 지금의 First National 은행 주변의 광장에는 몇천 명의 정오 생활 스타일을 완전히 바꾸어 놓은 사례도 있다.

주로 사용되는 휴식 공간에는 여성이 많은 역할을 하게 된다. 뉴욕의 중심가에선 60퍼센트의 남성, 40퍼센트의 여성들이 이용한다. 여성들은 남성들보다 앉을 곳의 선택, 주변의 시선 의식 등 더 예민한 반응을 가지고 있다. 그리고 여성들이 더 많은 가능성을 캐스팅하는데 시간을 투자한다.

뉴욕 광장 이용 통계를 보면 삶의 리듬은 장소마다 비슷하다. 아침 시간엔 코너에 카트를 설치하는 핫도그 가게 주인, 잠시 쉬어가는 노인들, 한두 명의 배달원

›› 미국, 라스베가스
도시환경디자인이 잘 계획된 곳에서는 모든 공간이 휴식 공간이 될 수 있다.
즉, 쾌적한 도시 환경은 휴식의 기능을 만들어 줄 수 있기 때문이다.
도심 안의 시설물들, 구조물들은 생활의 휴식을 제공하는 역할을 한다.

1. 프랑스, 파리
강이 있는 도시의 풍경, 우리들의 휴식 공간은 결코 규모가 큰 공간은 아니다. 작은 공간을 어떻게 활용 혹은 이용하느냐에 달렸다.

2. 공공 지역에서의 휴식 공간 시설물, 도심은 상업 지역, 공공 지역으로 나누어진다.
상업 지역은 기업 혹은 개인이 상업을 목적으로 하는 지역을 의미하며, 공공 지역은 대중이 모두 함께하는 공간을 말한다.
비영리 단체 혹은 정부가 운영하는 박물관도 공공 지역에 포함된다.

들, 구두 닦는 사람, 몇 명의 관광객들, 쇼핑백을 든 여자, 청소원 등의 사용자들이 가끔씩 모여든다. 만약 근처에 공사가 진행되고 있다면 건설 모자를 쓴 이들도 오전 11시 이후에 맥주와 샌드위치를 들고 나타나며 생기를 한층 더 북돋을 것이다.

정오 시간에는 점심을 먹으려는 사람들이 하나 둘 모여들고, 많은 사람들이 오후 2시까지 그곳에 머물고 있다. 전체 이용 시간 중 80퍼센트는 정오부터 두 시간이 제일 많다.

오후와 저녁에는 이용이 다시 뜸해지지만 만약 재즈 콘서트 같은 특별한 이벤트가 있다면 늦은 6시나 6시 반까지 남아 있는 사람들이 많지만 보통 6시 이후에는 한산한 공간이 된다.

피크 시간 중 광장에 있는 사람 수는 계절과 날씨에 따라 변화 폭이 크다. 하지만, 사람들이 공간을 이용하는 형태는 대체적으로 일치한다. 남자들은 복잡한 곳에 있으려 하고, 여자들은 약간 한적한 곳을 더 선호한다. 만약 양쪽으로 된 벤치가 길가에 평행으로 놓여 있다면, 안쪽은 보통 여성들이 다른 쪽은 남성들이 차지하고 있는 현상의 통계도 있다.

〉〉 미국, 글렌데일

특별한 거리가 우리들의 휴식 공간 기능을 가지고 있다. 조경, 도시의 색채, 시설물, 그리고 거리의 깨끗함이 휴식 공간이다.

세계의 광장은 기능이나 목적이 대부분 상통한다. 광장이란 공간이 도심에 없다면 도시에서의 생활이 매우 단조로울 뿐만 아니라 스트레스 해소, 정보 공유, 만남, 그리고 지역 주민과 행인들의 휴식 제공이 이루어지지 않아 도시의 기능을 잃을 것이다.

휴식 공간이 되는 광장은 세계적으로 크고 유명한 도시에는 반드시 계획되어 있다. 이러한 공간들은 오늘날 세계인이 모여드는 곳으로 널리 알려져 있다. 밀란의 갤러리아 앞, 뉴욕 의류 센터 주변의 공간 등은 그곳의 모든 사람에게 휴식 공간으로 제공되어 도심 생활에 활력을 주는 곳이다.

광장을 계획하거나 추진할 때 미적 감각은 매우 중요하다. 깨끗하게만 건축하는 것보다는 우아하고, 재미있고, 특징적으로 디자인하는 것이 필요하다. 통계적으로도 이러한 곳에 이용자가 많다. 나라 혹은 인종마다 차이는 있지만, 광장에는 밝은 태양 빛이 많은 장소가 좋다. 그들의 관점에서 사람들이 일상의 번잡스러움에서 벗어나고 싶어서 트여진 공간을 찾고, 양지바른 곳, 공간의 느낌을 주는 곳으로 끌린다고 한다.

주어진 공간들은 기능, 분위기, 장소, 목적에 따라 각각 다른 모습으로 나타날 수 있고, 이용이 각각 틀리게 된다. 앉을 수 있는 공간과 장소에는 많은 사람들이 모이게 된다. 도심에서 앉을 수 있는 공간이야말로 필수적 조건이 될 수 있다. 제일 매력적인 곳은 분수대 혹은 주변의 잔디로 이러한 곳이 도심 안에서 매혹적으로 디자인되었을 때 많은 사람들이 모이게 되며, 개개인의 생활습관까지도 바꾸는 역할을 하는 것이다.

2. 실내 휴식 공간

실내 휴식 공간은 크고 작은 건축물 내의 공간, 개인 공간을 제외한 대중 모두가 함께 공유하고 이용하는 공간을 말한다. 현대에는 실내 공간을 야외 공간으로 탈바꿈시키기 위해 로비에 선루프를 설치하거나 건물 옥상에 휴식 공간을 설치하는 등 여러 방법이 시도되고 있다. 이는 비록 실내 공간이지만 자연을 접하기를 원하는 사람이 많아졌기 때문이다. 공공 건축물과 상업 건축물 중 상업 건축물 내의 휴식 공간은 고객을 위해 다양하고 아름다운 디자인으로 계획한다.

미국 뉴욕의 한 프라자의 실내는 중앙 홀, 갤러리, 안뜰, 막혀진 아케이드, 실내 공원 등 여러 가지 형태와 구조로 설계되었다. 어떤 장소는 어설프게 계획되었고, 대중을 위한 편의 시설들은 불충분하게 계획되었다. 휴식과 여유 있는 공간 확보보다는 건축물의 경제성만 생각한 결과였다. 결론적으로 대중들은 휴식 공간과 편의 시설을 많이 제공하는 곳으로 옮겨간다는 선례를 남겼다.

실내 공간에서 필요한 중요한 요소들

1. 벤치 기능을 가진 구조물, 특히 실내 공간에서는 움직일 수 있는 의자와 조경, 꽃을 심은 화단이나 구조물과 조화를 이루는 벤치가 확보되는 것이 좋다.
2. 간이 음식을 제공하는 푸드코트와 스낵 가게, 의자와 테이블이 제공되어야 하고, 카페도 반드시 제공되어야 한다.
3. 다양한 소매업 점포와 상점들의 유치, 활기찬 분위기 연출로 많은 유동 인구를 확보하는 것이 중요하다.
4. 편리하고 깨끗한 공중 화장실 설치와 미니 공원 계획도 매우 중요하다.
5. 외적으로 다양한 공공 시설물과 거리 가구 디자인이 필수적으로 설치되어야 한다.

5가지의 요소는 반드시 충족되어야 하고, 이때 실내 공간의 이점을 살려 계획된다면 추운 겨울, 혹은 기후 변화가 있을 때 많은 사람을 실내 공간으로 끌어들일 수 있다.

규모가 큰 빌딩인 경우 실내 공공장소는 실외 공공장소와 다른 성격을 지니고 있다. 실내 공간은 대중적이지 못하다. 빌딩 규모와 유형에 따라 정해져 있는 입구와 출구, 경비의 감시 등의 제한된 문제점은 저소득층보다는 중산층이 이용 가능하도록 계획되어져 있다. 이러한 제한된 문제점은 빌딩 관리 측이나 상가 주인들이 원하기도 한다.

》 미국, 뉴욕
빌딩 안에도 휴식 공간은 제공되어야 한다. 좋은 휴식 공간이 기억에 남는다.

실내 공간 안에서의 편의 시설, 제공되는 상품, 오락 시설 등의 모든 요소들은 대중을 끌어들이는데 중요한 역할을 하며, 이 공간은 다양한 사람들이 함께 공유하는 것이 좋다.

〉〉 프랑스, 파리
루브르박물관 내 모뉴멘트 아래 휴식 공간을 제공하고 있다.

좋은 실내 공간을 연출하려면 막힌 벽보다는 거리와 그 주위 환경이 잘 보여야 한다. 미국의 IDS 빌딩의 Crystal Court는 이와 같은 실내 공간의 좋은 예로 남고 있다. 그곳은 투명한 유리벽으로 되어 있어 거리 흐름을 한눈에 볼 수 있고, 그 자체가 휴식 공간의 기능 역할이 되고 있다.

건물 입구의 회전문이나 막힌 벽면은 실내와 실외를 차단하여, 건물을 답답하고 다양한 볼거리를 제공하지 못하는 공간으로 만들 수 있다.

도심에서의 공간 제공과 더불어 공간 사용 역시 매우 중요하다. 도심에 많은 공간이 있어도 용도나 기능이 없다면 대중들에게 외면당할 수 있다.

좋은 공간을 만들려면 무엇이 핵심적인 요소인지 연구하고, 제2의 휴식 의미도 같이 연구되어야 한다. 제2의 휴식 의미는 도심에 기능이 있고 좋은 휴식 공간이 제공되었을 때 많은 사람이 모여든다는 것이다.

모여드는 사람들은 제각기 틀린 다양한 색채의 행동과 성격으로 새로운 분위기 연출을 하게 된다. 이러한 분위기가 우리의 볼거리 휴식이 될 수 있다. 실내 공간에서 보여지는 모습과 지나다니는 행인의 모습을 합친다면 많은 스트레스를 풀 수 있는 공간이 될 수 있다.

》 프랑스, 라데팡스

쇼핑몰 안에도 고객을 위해 벤치가 설치되어 휴식 공간을 마련한다. 대부분의 경우 상업 건물 안에는 고객 서비스를 위해 쾌적한 환경을 제공한다.

실내 공간은 위치에 따라 많은 차이가 난다. 예로 Brooklyn Height의 Promenade 안의 작은 실내 공원에서는 서쪽 강 건너로 멋진 맨해튼의 타워가 한눈에 보인다. 그것은 아주 좋고 아름다운 시각적 대화의 의미를 부여한다. 실내 공간 안에서의 좋은 전망은 그 자체가 환상적이고 정신적인 휴식 공간의 장으로 또 다른 의미를 주기도 한다. 그리고 그 주변의 조각품들도 시각적인 큰 의미를 가진다.

실내 공간의 연출은 거리의 풍경과 언제나 밀접한 관계가 있다. 도시 풍경, 제각기 틀린 행인의 모습, 빌딩 디자인과 구조물, 조각품, 거리의 악사와 구경꾼, 그리고 거리의 각종 이벤트 등이 실내 공간을 한층 더 북돋아 주는 역할을 한다.

Rockefeller 플라자와 시카고의 First National 은행에서는 순례하는 학교 밴드, 록그룹, 그리고 크고 작은 각종 공연들이 정기적으로 계획되어 즐거움과 생활의 활력을 얻을 수 있다.

비록 단순한 장소라 할지라도 더 친근하게 만들어야 한다. 그 공간 안에서 이루어지는 사람들의 융합, 만남, 친절 등으로 쉽고 편리하게 이용되는 공간적 아이디어도 필요하다.

미래의 도시는 포화 상태로 도시 중심에는 비교적 작은 휴식 공간들이 가능하며, 때에 따라서 자연 도입은 물론 첨단 기능을 갖춘 공간으로 계획되면 좋다.

좋은 실내 공간은 행복한 기억으로 남는다. 공간과 공간 사이, 벽 구조물, 특징적인 시설물과 공간, 사람들이 잘 모이는 공간과 장소들이 우리를 즐겁게 해준다. 창가 쪽의 양지바른 구조물에 앉아서 책을 보고, 커피를 마시는 낭만적인 순간이 우리를 행복하게 해준다.

부대 시설물로 특수 제작된 벤치, 공중전화 부스, 자판기 등이 사람들을 모이게 하기도 한다.

또한, 사람들은 작은 공간이지만 효율적으로 사용되는 곳 등을 선호하며 애용하는 휴식 공간이다.

3. 쾌적한 환경 조건과 시설물

도시의 거리는 많은 인파와 차량, 고층 건물, 상점, 이벤트, 거리의 악사 등 많은 요소가 결집된 공간으로 매우 다양한 성격을 지니고 있다. 이러한 공간 안에 쾌적한 환경 조건이 배제된다면 도시의 기능을 상실함은 물론 삭막한 도시를 변하게 된다. 여기에서 중요한 점은 시설물 설치의 계획이다. 시설물은 편리와 휴식, 그리고 안전을 제공해 준다.

대중을 위한 시설물이 없다면 그 도시는 오고 싶지 않은 곳으로 기억되어 다시는 찾지 않게 되고 삭막한 곳이 될 것이다. 그러므로 도시 안에 반드시 시대 변화에 맞게 개선된 훌륭한 디자인의 좋은 시설물이 있어야 도시를 유지할 수 있다.

도심의 쾌적한 환경은 거리의 벤치, 의자에서부터 시작된다. 벤치는 실외에서만 사용되는 용어로 그것은 여러 사람이 함께 앉을 수 있고, 비록 남이라 할지라도 짧은 대화로 서로 친구가 될 수 있는 기회를 마련하거나 휴식, 편안함, 약속 공간 등의 다양한 기능을 가지고 있다.

그러나 현재 미국에서는 실업자 같은 사람들이 이 공간에서 숙식을 해결하는 일이 자주 있어 실정에 맞는 벤치 디자인이 새롭게 개발되고 있다. 벤치는 여러 사람이 잠시 쉬었다 가는 곳으로 주로 노약자가 이용해야 한다. 벤치는 버스정류장, 공원, 광장, 그리고 상업 공간에서의 건물 주변 공간에 설치되어 있다. 하지만, 모든 공간에 너무 많은 벤치를 설치하면 미관상 좋지 않다.

공간 디자인은 구조물과 벤치 기능을 가진 환경디자인으로 대치시키고, 적절한 배분의 조화가 이루어졌을 때 환경 조건이 성립될 수 있다.

의자란 용어는 대부분 한 사람 혹은 두 사람이 앉을 수 있는 가구를 의미하는데, 실내외 모든 공간에 설치가 가능하다. 휴식을 취하는 것이 가장 중요한 기능인 벤치나 의자는 신체 공학적으로 편해야 한다. 하지만, 주변 환경 조건과 지역의 특징에 맞게 연구, 계획하는 것이 더 중요하다. 디자인, 안전성, 견고성, 공간

〉〉 스페인, 세비아
도심의 광장은 많은 사람들이 머무는 곳이다. 시설물, 볼거리, 지역의 특징, 분위기, 사람과 사람의 표정, 옷차림 등이 도시를 움직이고 있다.

〉〉 모로코, 패스
1000년 전에 건축된 도시 거리의 모습
역사가 있는 만큼 거리 모두가 도심의 쾌적한 환경 조건이 될 수 있다.

의 배치 등 다양한 조건에 맞는 계획이 쾌적한 공간과 도심을 만들 수 있기 때문이다.

벤치나 의자는 도심의 시설물 중에서도 특히 중요하고 많은 비중을 차지한다. 모든 빌딩 주변의 환경 구조물들은 대부분 벤치로 사용할 수 있도록 낮게 설치되어 있다. 따라서 그러한 구조물들은 행인과 빌딩에서 일하고 있는 모든 사람들에게 쾌적한 공간을 마련해 주는 역할을 한다. 빌딩 혹은 건축물 주변에 구조물을 잘 계획하게 되면 별도로 벤치를 설치하지 않아도 되는 경우가 있다. 그 구조물은 벤치 역할뿐만 아니라 조형적, 예술적인 가치를 지녀 도심의 환경을 더욱 새롭게 하는 이점이 있다. 특히 계단 같은 구조물은 많은 기능을 갖고 있다. 계단은 식사, 일광욕, 독서 등을 즐기는 공간으로 다양성을 띠고 있는 구조물이다. 구조물은 많은 기능을 가지고 있기 때문에 좋은 디자인과 공학적 미관이 집중적으로

》 미국, 뉴욕
벤치에 앉아 지나가는 아름다운 여인의 모습을 보기 만 해도 즐거워 하는 남자들의 표정이 도시에서의 움직이는, 생명력 있는 힘이 될 수 있다.

연구되어야 할 요소이다. 이 구조물은 이용자의 분석과 공간 제공성, 편리성, 안전성 등이 전개되었을 때 좋은 시설물로서의 기능이 나타나기 때문이다.

다양하고 조화로운 공간 기능을 갖게 되면 광범위하게 대중을 끌어들이고 새로운 분위기로 재창출할 수 있다. 우리나라 같이 세대의 차이를 심화시킨 사례로는 상업 공간뿐만 아니라 대중 공간도 있다.

식당, 공공지역, 특수한 거리 같은 공간은 젊은 사람들이 점유하고 있어 공중도덕, 예의범절의 한계를 드러내고 있다.

개방 공간, 공공지역 등에서는 남녀노소가 함께 즐기고, 휴식하며 모든 시설물을 이용할 수 있어야 한다. 이것이 대중 공간을 의미하고 모든 시설물은 어른, 어린이, 장애인을 먼저 배려하여 계획되어야 한다. 이러한 계획은 쾌적한 환경 조건을 만들 수 있다.

도심에서의 시설물 중 의자는 움직일 수 있는 멋진 창조물이다. 등받이가 있고, 편하고, 만약 팔걸이가 있다면 더 좋다. 하지만, 가장 큰 이점은 기동성이다.

의자는 햇빛 방향 혹은 햇빛 반대 방향 등 다각적으로 이동이 가능하다. 여러 관중을 수용하는 기능과 선택의 가능성이 유동적이어서 매우 실용적인 시설물이다. 의자는 공중도덕이나 예의 바른 행동과도 연관성이 있는데, 한 의자를 가지고 서로 양보하거나 안면이 없어도 말을 걸 수 있는 기회 등은 좋은 장소의 또 다른 즐거움이라고 할 수 있다. 그래서 고정된 개인별 의자보다는 유동성 있는 의자가 사람들과 함께 할 수 있다.

예술적 감각을 살린 색채와 특색 있는 의자 구성은 때에 따라 좋은 장식적인

1. 스페인, 코르도바

건축물, 흐르는 물의 연출, 거리, 벤치, 가로등이 쾌적한 환경을 제공해 주고 있다.

2. 프랑스, 라데팡스

미래의 도시 풍경과 구조물 조화가 쾌적한 도시환경디자인이다.

3. 미국, 시카고

벤치와 도심의 스카이 라인과 풍경 모든 자체가 환경 조건과 부합되어 있다.

요소가 될 수 있다. 메탈 러브 의자, 돌아 가는 의자, 돌로 된 각진 의자, 통나무 의자 등 특색 있는 의자는 의미가 함께 부여되어야 효력을 발휘할 수 있다.

도시 속 대중 공간 안에 설치된 시설물은 크고 작은 계단, 가로수에서부터 쓰레기통까지 대중이 함께 공유하는 모든 요소가 잘 조화롭게 구성되어야 한다. 어느 일부라도 소홀히 하게 되면 불편하고 살고 싶지 않은 도시로 바뀔 수 있기 때문이다.

쾌적한 환경 조건 중 태양, 바람, 나무, 물이 도시에 미치는 영향은 크다. 높은 빌딩이 많이 건축되어 있는 도시는 하루 종일 빛을 구경 못하고 그늘 속에서만

1. 도시에 설치된 시설물과 도시 환경 풍경
휴식을 취할 수 있는 시설물 기능은 가지고 있지만, 주변 환경과 어울리지는 않는다.
2. 프랑스, 파리 개방 공간에 설치된 모뉴멘트 디자인
이 공간에서 휴식을 만끽하는 도시인들, 볼거리가 있으면 그 공간 안에서 즐기고 휴식을 취한다.

〉〉 프랑스, 파리
라데팡스 도심에 설치된 시설물과 구조물, 쾌적한 환경, 구조물 층계, 정보를 제공하는 멀티미디어 시설물 설치로 도시를 도시답게 만들어 준다.

보낼 수 있다. 설령 빛을 본다 해도 불과 몇 시간 정도이다. 따라서 도시의 시설물은 자연적인 조건에 맞게 디자인되어야 한다.

사람들은 햇빛이 없는 좋은 공간보다는 조금이라도 햇빛이 들어오는 공간으로 모인다. 도시 디자인은 태양의 흐름을 참고하여 기획하게 된다. 1년 동안 태양의 움직임과 변화를 토대로 빌딩의 각도, 그리고 부대 시설물의 디자인을 계획하는 것이 매우 바람직하다. 뉴욕 같은 도시에서는 빛을 보기 위해 건축물 각도와 건축 자재를 개발하는 등 건축가들이 많은 아이디어를 내고 있다. 빛과 주변 환경이 조화를 이루는 환경은 새로운 즐거움으로 대중들에게 제공될 수 있다. 길 풍경, 건물 풍경, 그리고 빛의 연출이 도시를 한층 더 아름답게 해준다.

대부분의 사람들이 찾는 곳은 양지 바른 곳이다. 그런데 바람이나 외풍이 없는 것도 햇빛 만큼 중요하다. 이러한 면에서 작은 공원, 특히 삼면이 둘러싸인 곳들은 그 기능을 다한다. 육체적, 정신적으로 그곳은 편한 느낌을 받고 아늑한 분위기를 준다.

해가 있고 바람으로부터 보호된 공간은 쌀쌀한 날씨에도 꽤 살만한 곳으로 여겨진다. 그러나 새로운 빌딩 주위의 공간들은 조금 다르다. 주위에 큰 빌딩이 건축되면 상당한 외풍을 발생시킨다.

미국 시애틀의 한 은행 플라자에는 강풍이 너무 심해 사람들이 붙잡을 수 있게 안전대가 설치되어 있기도 하다. 건축가들은 밖의 공간을 항상 따뜻하고 맑고 쾌적한 기후를 유지하도록 건축 설계를 하기도 한다. 그래서 공간들은 건축 공간과 도시 공간의 전체적인 차이점을 잘 연구하여 도시 생활을 쾌적하게 하도록 해야 한다.

대양과 바람에 대하여 우리는 태양을 이용, 빛을 어떻게 배로 증가시킬 수 있는지, 겨울의 바람은 어떻게 줄이고 따뜻함을 어떻게 하면 늘릴 수 있는지 연구해야 한다.

우리는 도로 옆이나 개방 공간에 큰 나무를 더 많이 심도록 노력해야 한다. 왜냐하면 나무가 있는 곳은 휴식 공간으로 최적이기 때문이다. 자연과 함께 하는 휴식은 상상만 해도 마음의 여유가 생기고 편안함을 준다. 자연은 아늑하고, 포근하고, 낭만적인 분위기를 만들어 준다. 그래서 도시계획을 할 때는 가로수, 나무, 작은 숲을 많이 만들어야 한다.

도심에서 물도 아주 중요한 요소 중 하나로 디자이너들은 물을 잘 이용하여 자연을 연상하게 하는 연출을 하고 있다. 새로운 이미지를 주는 폭포, 물벽, 급류, 인공 수로, 호수, 물 터널, 구불구불한 개천 등 다양한 유형의 분수대들을 도시에서 볼 수 있다.

물이 지니고 있는 장점 중 하나는 보여지는 것과 느낌이 동시에 가능하다는 것이다. 손을 집어 넣어 물가에서 물장난을 치고, 비처럼 맞고, 손이나 발을 집어넣고 물을 튕기는 자체로도 사람들은 행복해 한다.

도시 공간에서는 태양, 바람, 나무, 물 등이 안전과 편리를 제공해 주는 시설물들과 함께 환경을 쾌적하게 만들어 주는 중요한 요소로 다루어져야 한다. 도시는 이러한 요소가 잘 계획되었을 때 도시다운 도시의 얼굴을 가질 수 있다. 도시에 설치되는 작은 의자 하나라도 전문가에 의해 계획되어야 한다.

좋은 디자인을 하기 위해 법을 만들 수는 없겠지만, 어느 정도의 지식과 경험이 있는 디자이너가 참여해야 한다. 서울시의 일부에서는 선진국 모방이나 지역을 분석하지 않은 디자인으로 계획을 하는 경우가 있는데, 보기에는 좋지만 기능은 없고 돈만 낭비하는 디자인은 오히려 웃음거리만 될 수 있다. 돈을 많이 투자하여 화려한 도시의 모습보다는 현재의 도시를 아름답고 깨끗하게 관리하고 유지하는 것이 우선이다. 그리고 적절한 곳에 있는 벤치와 그 주변의 카페, 개방 공간이 도시를 더 쾌적하게 할 수 있다.

기업과 공공 건물은 돈을 들이는 시설물 확장보다는 꼭 필요한 시설물 개선과 관리를 통해 대중이 모두 이용을 하는 공간으로 바꾼다면 우리의 도시를 한층 더 좋은 도시로 만들 수 있다.

한치의 공간도 없을 것 같은 빌딩 숲 뉴욕시에는 작은 포켓공원이 있다. 그 공간 안에는 장터, 여러 가지 음식을 파는 스낵 가게, 음악이 있는 정원, 벤치와 의자 등이 있어 그곳에서 대중들은 만남을 갖고 일상을 즐긴다. 호화스러운 대형 플라자에서의 분위기와 작은 공간의 환경은 비교될 수 있다. 결론은 작은 공간에서도 행복할 수 있다는 것이다. 아직까지도 복잡한 뉴욕은 앉아서 휴식을 취할 수 있는 환경 조건을 갖춘 도시의 이미지를 재창출시키고 있다.

03 어린이 놀이 공간과 레크레이션

1. 놀이 공간과 교육

우리 자녀들의 교육은 교사에게만 의지하기엔 너무 부족한 점이 많다. 놀이는 교육의 필수 부분이고, 그 개념은 그저 공간을 정리하는 것 이상이다.

유엔의 어린이에 관한 권리 선언에서는 "정부는 어린이를 육체적, 지적, 도덕적, 영적, 사회적 레벨의 건강한 교육으로 향하게 해야 하며, 아이들의 자유와 가치를 보장해야 한다. 어린이는 교육적으로 바라는 목표를 둔 오락적인 활동을 접할 기회를 가질 수 있어야 한다."라고 말하고 있다.

교육과 오락은 제멋대로 나눌 수 없다. 여가는 보통 삶의 노력과 발전의 부가적인 부분으로만 알려져 있다. 그것은 사치나 특전으로 보여지고 있다. 하지만, 실제적으로 어린이에게나 어른에게나 여가는 교육과 문화 발전의 중요한 부분이다.

특정한 활동은 그들이 체험하는 미디어나 주변 환경보다 중요하지는 않다. 심리학자는 아이들이 일과 노는 것을 명확히 구분 짓지 못한다고 말하고 있다.

어린이는 현대 도시 속 생활 컨디션의 피해자들이다. 어떻게 유리와 콘크리트로 단조롭게 지어진 건축물 안에서 그들의 창의력이 향상될 수 있겠는가? 항상 교통의 위험성에 노출되어 있으면서 어린이들이 어떻게 자유를 느낄 수 있겠는가? 지루한 구조로 형성된 기숙사 같은 도시 속에서 어떤 긍정적인 경험을 쌓겠

〉〉 미국, 뉴욕

1973년 Richard Dattner 회사에서 설계 디자인한 놀이 시설물과 공간, 어린이에게는 성장, 발육 과정에 적당한 운동을 하면 좋다. 운동을 하여 즐거움이 있으면 더욱 좋다. 그리고 운동을 하며 다양한 방식의 교육을 제공받으면 더더욱 좋다. 좋은 놀이 공간은 교육적인 의미를 지녀야 한다.

는가? 푸른색(식물)이 거의 없고 잔디 위에서 노는 것이 금지되어 있는, 그리고 숨바꼭질조차 할 수 있는 공간이 없는 곳에서 어린이들이 밖에서 놀 필요성을 느낄 수 있겠는가?

이 세상에는 놀 공간을 충분히 제공하는 도시가 없다. 전체 공간 예산에서 어린이들의 몫이 분배되기엔 예산이 너무 적다. 그것은 도시의 경제 구조가 어린이들에겐 겨우 적당한 만큼의 놀이 공간이 주어지도록 구성되어 있기 때문이다. 어린이는 소비자나 생산자가 아니기 때문에 이것이 바뀔 것이라고 생각하는 것은 현실적이지 않다.

세미나나 미팅에선 좋은 의견들이 제시되고, 우울한 통계가 인용되고, 한 도시의 상황이 다른 도시와 비교되고 현실적인 필요성과 비교된다. 그 다음 프로그램과 표준이 정해진다. 전문가들이 모여서 부동산과 예산을 협상한다. 그리고 더 많은 전문가들이 모여 사회적, 의학적, 문화적, 교육적 문제점들의 해답을 구하려 한다. 그 많은 전문가들이 전부 동의하는 일은 거의 가능하지 않다. 결과는 거의 나타나지 않는다. 의도는 좋지만 이런 모임들은 현실적인 문제에 직면하지 않는다.

놀이란 자유로운 행동(활동)으로 스포츠나 문화, 파티, 게임들과는 관련이 많지 않다. 놀이는 반드시 필요하다. 어느 아이에게서도 박탈되어서는 안 된다. 놀이는 개인의 자유로, 아이가 사회적 구조로 나아갈 수 있게 하기 때문이다. 놀이는 이론이나 원리가 필요하지 않다. 놀이의 필요성은 유행성과 같다. 퍼졌다가 사라지고, 갑자기 다시 불타오른다. 구속을 제거하고 기쁨을 생산하기 때문에 전염성

〉〉 미국, 로스앤젤레스

어린이 놀이 공간 안에는 많은 기능을 가지고 있다. 공중도덕, 공공질서, 정상에 오르기, 성장 촉진, 친구 만들기 등 다양한 교육, 정신적, 생활의 에너지 창출이 함께한다.

이 매우 강하다. 집, 길, 그리고 학교가 기껏 공헌하는 바는 놀이의 혼이 삶의 가장 중요한 표현이라는 것이다. 그곳들은 아이가 표준화된 가치에 순응되고, 놀이가 기술적으로 조작되는 곳이어선 안 된다. 조작된 놀이터 기구들에 의해 어린이들은 다른 사람의 아이디어와 융화되도록 강요받고 창의성과 단절된다. 어느 아이나 정상적으로 자라기 위해선 어느 정도의 충분한 경험이 필요하다.

본능이란 여러 동작들이 표현될 때 자유로워지는 것이다. 이런 자유가 일상생활에서 아이를 활기차게 한다. 이런 것을 도시 기획자, 부모, 선생님 등이 이미 알고 있지만, 아이들을 만족시키기에는 기회가 충분하지 않다.

어린이들을 단순히 '여가 소비자' 로 여겨서는 안 된다. 여가는 아이가 세상을

›› 프랑스, Reims
1971년도 Jacgues simon이 디자인한 도심 속의 놀이 공간 및 설치물

이해하는 수단이다. 이 시간은 단순히 쉬는 시간이 아닌 중요하고 필요한 시간이다. 필요성이란 구분되어야 한다. 같은 또래의 친구들과 교제하는 필요성, 자신의 개성과 독립심을 증명하는 필요성, 그리고 발견하고 싶은 충동의 필요성도 있다.

어린이들의 여가는 삶의 다른 부분들의 균형을 잡는다. 독립적인 아이는 사회의 규칙들에 직면했을 때 남을 흉내 냄으로써 자신의 문제에 대처하고 해결할 수 있는 법을 배운다. 여가 중에 아이는 성격과 표현력을 발전시키고, 다른 이를 통해 자신을 찾고, 사람이나 자연과 대화를 나누면서 더 발전할 수 있는 삶의 지식과 견식을 얻는다. 일년 중 몇천 시간의 노는 시간을 통해 아이는 맑은 공기, 해, 휴식, 신체적 안전, 그리고 자신을 표현할 수 있는 여러 가지의 활동들과 가능성들에 대한 권리를 갖는다.

예전 어린이들은 어디서든지 비교적 안전하게 놀 수 있었다. 그들을 위한 안전한 놀이터가 필요하게 되었을 때, 어린이들은 주택 단지나 파킹장 같은 외진 작은 공간들로 쫓겨나게 되었다.

〉〉 미국, 글렌데일
놀이 공간 안에는 연령층 구분의 놀이 시설물과 교육적인 시설물 및 디자인이 함께 이루어지는 것이 좋다.

건축가들과 토건업자들은 놀이터를 지을 때 미끄럼틀, 모래상자, 멍키바 등의 흔한 기구들을 설치함으로써 오늘날의 놀이터의 콘셉트가 되었다. 결과는 예견할 수 있었다. 어린이들은 시설이 불충분하고 상상력이 부족한 공간을 거부했다. 어린이들은 다이내믹하고 자극적인 공간을 가져야 한다. 이것은 그들의 개인적인 능력을 향상하는데 아주 중요한 요소이다.

주말이 오기를 기다리는 동안, 아이는 자신의 방을 자전거 트렉으로 쓸 수 있다. 하지만, 필연적으로 아이는 자전거를 가지고 언젠가는 밖으로 나가게 된다. 놀이가 아이들의 변화에 영향을 주면서 장난감 기차, 구슬이 달린 상자, 깡통 군인, 나무 블록 등을 다른 아이들과 함께 놀기 위해 밖으로 가지고 나오게 된다. 그러면 더더욱 그들이 자유를 갈망하는 것이 나타날 것이고 밖에서 경험한 것들이 익숙해 질 것이다.

그러므로 디자이너의 책임감은 분명하다. 그들은 교통으로부터 잘 보호되어 있고, 햇빛이 충분하고, 전망이 매력적인 다이내믹한 놀이 공간들을 지정해야 한다. 놀이터는 편히 쉴 수 있는, 활동적이며 사람을 만날 수 있는, 또는 그룹 생활을 할 수 있는 공간으로 만들어야 한다. 만약 놀이터 기구들이 준비된다면, 그것은 전망과 잘 조화를 이루고, 그들의 상상력을 억누르지 말아야 한다. 그것은 여러 종류의 쓸모 있는 가능성들을 제시해야 한다.

놀이터 기구의 배치는 그것을 사용할 어린이의 나이를 고려해야 한다. 자연적인 성장 사이클도 배우는 아이의 매우 중요한 참조 포인트가 됨으로 함께 고려해야 한다.

어린이의 복지를 우선시하는 건설적인 정책은 어린이가 환경에 적응하는데 도움을 주고, 집이나 학교 교육의 중요한 부속물을 공급해 준다.

놀이터의 배치는 처음에는 모든 연령층을 위해 계획되어야 하고, 여러 가지 종류의 활동들이 동시 또는 앞뒤로 행해질 수 있게 제시되어야 한다. 놀이터는 만남의 공간이어야 하고 자극을 줄 수 있는 곳이어야 한다. 그곳은 어린이들에게 관용과 배려를 가르쳐야 한다.

어린이들이 마음껏 놀 수 있는 500에서 2000스퀘어피트의 공간이 도시 모든 부분에 제공되어야 한다. 그들의 활동에는 어린 동물을 키우거나 오두막을 짓는

〉〉 프랑스, 파리
1969년 Jacgues simon이 디자인한 어린이 놀이 시설물

것을 포함시킬 수 있다. 어린이들의 흥미를 위해서 부모들은 이 공간에서 제외되어야 한다. 나무와 관목을 많이 심어둔 공간이 충분한 것도 바람직스러울 것이다. 빈 공간이나 아직 다른 쓸모로 지정되어 있지 않은 공간들이 이런 식으로 쓰여질 수 있을 것이다.

도시의 사이즈에 비례해서 공원의 규모는 1에서 20헥타르 정도, 어쩌면 더 될 수도 있다. 나무와 잔디가 우세하더라도 많은 공간이 놀이를 위해 마련될 수 있다. 자연은 파괴하지 않으면서, 혹은 자연을, 놀이 공간을 충분히 구할 수 있다. 흔한 학교 마당 외에도 스포츠 같이 밖에서 활동할 수 있는 필드가 학교에 있어야 한다.

시냇물이 흐르고 강둑이 있는 동네는 필요한 놀이 공간을 제공할 수 있고, 적은 돈으로 그곳을 놀이 공간 용도로 만들 수 있다. 약간의 상상력만 발휘한다면 폐허가 된 건축물도, 닫힌 공장도, 빌딩 옥상도, 막힌 골목도 얼마든지 훌륭한 놀이 공간이 될 수 있다.

일주일에 두세 번씩 어린이들이 아무 제약을 받지 않고 본인 스스로 나올 수 있어야 한다. 그리고 땅, 물, 풀, 돌과의 접촉을 통해 창조력을 키울 수 있는 환경이 필수적으로 필요하다. 모자라는 놀이 공간을 위해 도시들은 타운 스퀘어나 쇼핑몰 부분들을 놀이터로 전환하는 것을 고려해야 한다.

이때 놀이기구(Playmobile)들은 좋은 대안이다. 이것은 차나 트럭 같이 모터가 달린 모든 종류의 놀이터 기구들로, 가지고 다니면서 임시적으로 공원, 스퀘어, 행인 도로에 설치할 수 있다. 공원이 거의 없는 도시의 중심에도 놀이 공간이 마련 될 수 있다. 창고, 오두막집, 체육관, 공연장, 로비, 쇼핑몰, 학교 등이 그것이다. 놀이 시간은 장소의 크기에 따라 조정될 수 있다. 어른의 지시 아래 많은 종류의 게임들이 계획될 수 있다.

특별히 정해진 규칙 없이 이런 프로그램은 어느 사회 소속 인이나 정부기관, 회사가 준비할 수 있다. 여러 가지의 활동들은 연령에 따라 그 능력대로 참여할 수 있다. 임시 놀이 공간의 성공은 그곳을 자주 찾는 어린이들의 숫자와 장비 가치에 달려 있다. 어찌되었든 이것들은 어린이들의 상황을 아주 적은 예산으로 호전시킨다.

2. 레크레이션 공간

레크레이션은 정해진 공간 혹은 외부 공간에서 여러 사람들이 모여 다양한 프로그램으로 즐기고, 재미있게 시간을 보내는 것을 의미한다. 이 단어는 시대적 슬로건이기도 했다. 유행과 스타일 등이 다양해서 한마디로 집약시킬 수 없고, 공원 성격과는 다르다. 레크레이션 센터는 대부분 규모가 큰 공원 안에 독립적으로 건축되어 있는데, 주민들이 함께 사용하고 있다.

1930년, 레크레이션이 활발히 전개되던 때가 바로 레저 문화 시대의 사실상 시작이었다. 1930년대 미국의 공원 관계자들은 그들의 공원을 사회적 개혁의 수단

》 미국, 로스앤젤레스
그리피스 레크레이션 공원, 규모가 크기 때문에 시민이 모든 스포츠를 즐길 수 있는 공간이다. 단체가 이 공간을 사용하려면 미리 예약을 해야 한다. 야간에도 경기와 이용이 가능하다.

〉〉 미국, 로스앤젤레스
이글락 레크레이션 공원은 일주일 내내 주민이 이용하고 있다. 공원 디자인을 하기 전에 주민의 의견을 최대한 수렴해 결정을 하기 때문에 대부분의 주민들의 이러한 공간에 만족을 하고 있다.

으로 쓰려는 이상적인 노력을 전개했다. 공원 안에 있는 레크레이션 센터의 시설들은 도시 삶의 예측된 요소였다. 그래서 전국의 공원 관계자들은 신속하게 추진을 정당화시켰다.

레크레이션을 기초적, 일반적, 필수적인 요소로 새롭게 대두시키고 공원 안의 새로운 시설물로 부각시키고 계획을 세웠다. 이 계획은 정부가 주도하는 사업으로 결코 사치나 낭비가 아닌 도시 안에서 필수적으로 필요하다는 생각을 확산시키고 실천했다. 당시 《레크레이션(Recreation)》 잡지사는 많은 리더들이 질과 취지에 아무 의미를 두지 않은 뒤범벅이 된 활동들을 제공하는데 주로 신경을 쓰고 있다고 하였다. 그리고 공원 관계자들은 프로그램에 깊은 관심을 두기보다는 현재의 실체적인 시스템을 확장하는데 애를 쓰고 있다고 주장했다.

뉴욕의 레크레이션 시설들은 1930년대 중반부터 20년간 다섯 배가 증가했다. 시카고의 공원 부서는 더 크고 더 낳은 시카고를 만들기 위해 노력했다. 10년간의 공원 개발 계획으로 더 많은 공원과 체육관, 어린이들의 놀이터와 수영장, 그리고 운동장이 제공되었다. 더 많은 시설의 제공은 시민들의 전반적인 공원 서비스 증가 요구에 대한 응답이기도 했다. 인구는 빠른 속도로 증가하고 있었고, 나아진 생활 수준은 사람들로 하여금 일을 덜 생각하고 놀이에 관심을 많이 갖게끔 했다. 아이들을 가진 가정의 도시 외각지로의 거주 이동은 새로운 공원 서비스 요구를 증가시켰다. 그럼에도 불구하고 요구에 대한 응답은 요구와는 같은 것이 아니었고, 이 요구를 무시한 것은 철학의 결핍을 암시하기도 했다.

시카고의 기자가 관찰하기를, 현대 공원 시스템에 관심 있는 사람들은 공원 철학이 있지 않고, 그저 공원 후원만 있을 뿐이라고 주장했다. 공원 창설에 대한 추진이 아니라 단지 레크레이션만을 위한 것이라고 주장하기도 했다.

》 미국, 로스앤젤레스
이글락 레크레이션 센터에는 많은 기능과 규모로 일주일 내내 이용이 된다. 건물 공간 실내에서도 많은 행사가 이루어진다.

1930년대 초반 샌프란시스코의 땅들은 놀이터나 작은 공원이 아닌 레크레이션 용도로 구입되기 시작했다. 놀이터 위원회는 그 자체를 비공식적으로 언급했고, 영구적인 기록에는 레크레이션으로 표기되었다. 그에 상응하여 공원들은 레크레이션 시설로 전환하였고, 이런 시설들은 아주 어린아이들을 제외한 모든 실외 활동들은 실외 스포츠 공간에서 이루어지게 되었다.

이런 단어들의 실용적인 의도는 관료 절차를 단순화하고, 서비스를 능률화시키려는 것이었으나 똑같은 시간에 그들은 그 사용도만 빼고 거의 나타나지 않은 공원 철학을 반영했다. 이 철학, 명확하게 이 관념은 레저 아이디어의 또 다른 면에 뿌리를 두고 있었다.

1934년 시카고 공원 전문가는 《공원과 레크레이션(Parks and Recreation)》 잡지 기사에 〈새로운 레저를 가지고 우리는 무엇을 해야 할까?〉 라는 기사를 쓰기도 했다. 당시 10년 동안의 실업률 증가로 나타난 결과가 여가였는데, 이것은 강제적인 나태의 연속이었다. 샌프란시스코에서는 불경기로 인하여 증가된 여가 문제를 해결하기 위해 레크레이션을 택했다고 한다. 시카고의 한 사회단체는 취업이 부진한 시대를 보완하기 위한 수단이라고 질책하기도 했다.

당시 문제점의 해결책은 취업이었지만 이것은 정치 부분이었고, 공원들은 전 시대와 마찬가지로 정치적인 논쟁 밖에 남아 있기로 결정했다. 그래서 위원회의 조사에서는 오직 간접적으로 파업이 공원 서비스에 미치는 영향에 대해 언급했다. 조사서는 공원들이 많은 수의 사람들을 고용하는데 사용할 수 있고, 낭비되는 에너지들을 건설적인 일에 쓸 수 있다는 식으로 묘사했다. 증가된 여가 문제의 해결책, 즉 증가된 여가 활동은 공원들이 제공할 수 있는 것이었고, 그럼으로써 공원들은 그들의 전통적인 역할, 도시의 안전 밸브로서의 역할을 맡을 수 있다고 합리화시키고 공간 확보를 해 나갔다.

그래서 처음부터 여가 문제의 중점은 공원 프로그램을 확장해야 한다는 필요성의 주장과 함께 했고, 긴축 예산이 실행되면서 이런 주장들은 강하게 추진되었다.

그리고 여가가 실제로 불황 중과 후에 증가함에 따라 새로운 강조는 실제에 기본을 두고 있었다.

짧아진 일주일, 길어진 주말, 낮 시간을 절약하는 시간, 개량된 차와 도로 시스템, 빨라진 정년과 길어진 수명들은 더 많은 사람들이 일과 수면 이외의 시간이 많아졌다는 것을 뜻했다.

이런 일반론이 이전 시대에도 똑같이 적용하기는 했고, 여가에 대한 토론도 이 시대에 새로운 것은 아니었지만, 이런 개발들의 영향은 누적되었다.

미국인들은 이제 대체적으로 따분함과 분투하는, 더 일반적으로는 행복을 유지하는 것으로 그려졌다. 정신적인 건강에 대한 새로운 관심은 1940년대 후반 여가 잡지 《Recreation Magazine》이 출간되면서 본격적으로 시작되었다. 이런 관심은 이미 전 시대부터 전해져 왔지만, 관심의 중심은 그 이상 건강의 유지나 회복이 아닌 행복을 추구하는 자체였다.

다음 시대의 레크레이션 아이디어는 자발성, 실제적인 계획과 프로그램의 자유와 솔직함, 드라마틱함과 상상력이 풍부한 놀이로 발전되어야 한다.

1950년대 중반 단순히 피크닉을 하는 공간보다 더 많이 사람들을 집 밖으로 유인해야 한다고 했다. 심지어는 동물원도 매력있는 공원과 같은 공간으로 거듭나야 한다고 했다. 공원 부서에서는 그 후 어린이 동물원, 동물 쇼, 생일 파티 공간과 놀이기구의 설치 등을 늘렸다. 어린이들의 놀이기구는 다른 공원 시설들을 보충했고, 도시 공원들은 사회적으로 일익을 담당하는 것을 확인시켰다. 이러한 레크레이션 공간 확보는 제공의 증가, 요구의 정당화, 방어적 오리엔테이션으로 합리화시킬 수 있었다.

3. 놀이 환경과 안전성

어린이의 놀이는 시간이 흐를수록 발전하고 향상된다. 현대는 과학의 발달로 실외 공간보다 실내 공간에 머무르는 시간이 많아졌다. 실외에서 친구들과 함께 놀이를 즐기기보다는 실내에서 컴퓨터, 다양한 게임, 첨단 오락물 등을 놀이로 삼아 생활하고 있다. 그러나 환경을 직접 접하면서 실외 공간을 최대한 활용하는 것이 어린이들에게도 좋다고 말할 수 있다. 밀폐된 공간보다는 자연과 맑은 공기를 접하면서 여가를 즐기는 것을 권장해야 할 것이다.

폴 뷰롤은 《어린이 놀이터는 안전한가?(Children's Playground : Safe or Sorry?》에서 놀이 문화의 실질적인 해법을 모색하고 있다. 그리고 디자인의 역할이 심미적 만족에 국한되는 것이 아니라 안전이라는 가장 현실적인 문제에까

〉〉 미국, 로스앤젤레스
초등학교에 설치된 다목적 시설물 디자인
많은 어린이들이 다양한 놀이를 즐길 수 있게 디자인되었다. 다목적 기능에는 더욱더 안전성이 요구되어야 한다.

》 미국, 로스앤젤레스
어린이 놀이터에 설치된 모든 시설물은 안전성이 우선 계획되어야 한다.

지 연결된다는 점을 강조하고 있다.

뷰롤은 어린이 놀이터에서 일어난 몇 개의 사고를 제시한다. 여섯 살 아이가 기어오르는 놀이기구의 일종인 정글짐에 깔려 사망했다. 사고 3일 전 지역 위원회에 이 기구의 위험성을 경고했지만 아무런 조치를 취하지 않는 와중에 사고가 난 것이다. 한 소녀는 철 조각에 무릎 아래를 찔렸다. 허벅지 위쪽까지 수술해야 하는 큰 사고였다. 다른 소녀는 깨진 판자 사이에 발이 끼어 발목이 부러졌다. 지역 위원회에서는 이 사건 이후에도 두 주일 동안이나 아무런 조치를 취하지 않았다. 그 결과 네 명의 아이들이 더 다치는 사고가 잇달았다.

영국에서는 연간 최소 2만 명 이상의 어린이가 공원이나 놀이터에서의 사고로 병원에 실려간다는 통계가 있다. 모든 소아과 입원 아동의 1~2%가 놀이터 사고로 인한 환자들이다. 전체 사고의 4%에 해당하는 수치다. 이러한 사고는 영국만의 문제가 아니다.

전 세계의 어린이들은 생명과 안전을 위협받고 있다. 그러나 안전이 100% 보

〉〉 독일, 오버하우스(oberhausen)
1973년 콘레드 로랜드(conrad Roland)가 디자인한 놀이 시설물.
단순하게 보이겠지만 자연의 넝쿨 콘셉트로 만들어진 공간이다.

장되는 놀이터는 불가능하다. 그나마 놀이터라도 없다면 아이들은 더 큰 위험에 처하게 된다. 철로나 폐허가 된 건물 혹은 길거리에서 놀게 될 것이기 때문이다.

뷰롤은 대학병원의 연구 결과와 소아과 병원에서 실시한 여론조사를 토대로 아동 사고를 조사했다. 중상인 경우는 대부분 추락에서 오는 것이었다. 정글짐 추락 사고가 전체 병원 입원 아동의 30%에 해당한다는 보고도 있었다. 그런데 의아스러운 것은 아이들이 정글짐을 별로 좋아하지 않는다는 것이다. 그리고 놀이터에서 보내는 전체 시간의 10% 정도만 정글짐에서 노는 데도 높은 사고율을 보인다는 것을 알게 되었다. 이것은 어른들이 아이들의 취향을 너무 모르고 놀이터를 만들었다는 이야기가 될 수도 있다.

뷰롤은 이러한 사고 기록을 토대로 안전에 대한 가설을 세웠다. 부상을 예방하거나 부상을 입더라도 경상으로 낮추기 위한 것이다.

첫째, 최고 높이를 낮추는 것이다. 미끄럼틀의 경우 아주 소형이 아니라면 자연비탈을 이용할 수 있다. 놀이 집의 지붕에서 내려오게 하는 방법도 있다. 그렇게

》 미국, 패사디나
놀이 공간 환경은 매우 중요하다. 좋은 디자인도 관리를 안 하면 나쁜 환경이 될 수 있고, 안전성이 떨어지면 그 공간을 사용 안 하게 된다.

하면 수직 낙하를 피할 수 있다. 미끄럼틀을 언덕 커브 외곽을 따라 길게 만들면 재미도 더할 수 있다. 정글짐의 경우는 반드시 높이를 제한해야 한다.

둘째, 기구 아래에는 쿠션이 있는 바닥재를 깔아 충격을 흡수하도록 한다. 다양한 종류의 안전 바닥재를 찾기 위한 노력을 해야 한다.

뷰롤은 이 글에서 〈영구 설치된 옥외 놀이 시설물에 관한 영국 표준안〉을 소개하고 있다. 이것은 디자인 위원회가 '사고 줄이기 캠페인' 을 벌인 이후 가장 큰 발전으로 평가받는다.

시설물은 아이들의 상상력을 자극함과 동시에 안전해야 한다는 인식을 가져야 한다. 그리고 이러한 인식의 확산으로 아이들이 사용 부주의로 다치는 일은 현저히 줄어들었다.

지역 당국은 나름대로 조치를 취하고 있다. 특히 두 가지의 무겁고 위험한 시설물을 없애고 있다. 그것은 널빤지 그네와 파도타기이다. 시설물 자체가 무거운 데다가 대여섯 명의 아이들이 함께 올라타면 매우 위험하기 때문이다. 이 기구들은 타고 놀다가 세울 수도 있지만, 스스로의 힘으로는 쉽지 않아 극도로 위험해질 수 있는 놀이기구들이다. 그네에도 이와 같은 위험성이 있다. 그러나 충격을 흡수할 수 있는 재료로 교체하면 사고를 많이 줄일 수 있다.

특히, 셀룰러 고무 구조를 이용하여 특수한 바닥을 만들면 안전에 도움이 된다. 타이어 의자는 안전 효과도 좋고, 자유롭게 흔들리는 성질을 아이들은 더 좋아한다. 그 밖의 다른 기구들에도 많은 위험성이 있다. 흔들 목마에서는 매년 예외 없이 부상 사고가 발생한다. 보통 말이 아래로 기울 때 아이들의 무릎이나 다리가 부러지는 사고가 가장 많다. 떨어질 때 신체의 어떤 부위도 부딪히지 않도록 고안되어야 한다. 무게나 잠재적 속도감이 50g 이상의 충격을 받을 때에는 위험한 것으로 간주한다. 이 기준을 만족해야 한다는 것은 결국 모든 흔들 목마를 없애라는 뜻이다. 회전원반에서는 큰 아이들이 빨리 굴려 작은 아이들이 밖으로 튕겨 나오는 사고가 많이 발생한다. 그래서 속도 조절 장치가 필수적이며 안전 바닥도 중요하다.

놀이기구 설치에 따라 안전성에 미치는 영향이 크게 달라질 수 있다. 모든 움직이는 놀이기구는 어린이들이 뛰어 노는 통로로부터 멀리 떨어져 설치되어야 한다. 나이가 어린 아이들과 큰 아이들의 놀이 공간을 분리하고 부모들이 앉아서 지켜볼 수 있도록 가까이 의자를 설치하도록 한다.

개나 자전거는 안으로 들어오지 못하게 하여 사고를 방지해야 한다. 울타리 배치에는 세심한 배려가 필요하다. 그네에서 뛰어내리는 쪽에 울타리가 설치되면 위험하다. 새 놀이터를 계획할 때에는 어린이 놀이와 놀이터에 대한 경험과 지식이 풍부한 사람의 조언을 구하는 것이 바람직하다.

부주의한 설치나 기준 미달의 시설물로 인해 사고가 발생하기도 하지만 유지가 소홀하여 일어나는 사고도 많다. 시설물이 낡아 생기는 사고는 아무런 경고도 없이 대형 사고를 일으킬 수 있기 때문에 더욱 방심할 수 없다. 5년마다 정기적인 검사를 통하여 각 시설물의 안전을 지키는 것이 이상적인 방법이다.

눈에 띄는 손상들을 보완하지 않아서 발생하는 사고들도 많이 있다. 문제점이 지적된다 하더라도 수 주일이 지나도록 그대로 방치된 예가 많다. 심지어 조치가 취해지는 동안에 사고가 발생하기도 한다. 어떤 곳에서는 부서진 정글짐을 보수 지역으로 옮겨 놓은 동안에 사고가 발생했다. 보수 지역과 놀이터 사이에 울타리가 없었기 때문에 발생한 사고였다.

모든 놀이기구에 대해 외관 검사가 이루어져야 하고, 고의적인 파손 행위를 단속해야 한다. 더욱 철저한 시각적 검사, 즉 판의 부식이나 계단의 손실, 그와 유사한 손상들을 살피는 작업은 매달 이루어져야 한다. 검사에 반드시 특별한 기술이나 도구가 필요한 것은 아니다. 1년에 한 번 실시되는 정기 검사에는 제조업체나 그에 상응하는 자격을 갖춘 사람들이 동원되어 기술적인 조사가 이루어져야 한다. 시설물을 세심히 선택하고 아이들의 행동을 이해하며 검사와 유지에 신경을 쓸 때 심각한 사고의 위험이 없는 놀이터가 될 수 있다.

4. 놀이 공간 디자인

놀이 공간 디자인은 산업사회가 급속도로 변화하는 것만큼 급변하지는 않는다. 그러나 좋은 디자인이 되도록 계속 연구하고 발전해야 할 분야이다.

놀이터는 도시적인 성격을 가진 새로운 콘셉트이다. 19세기 말 유럽과 미국에서 어린이들을 위한 놀이터는 도시를 중심으로 별개의 매체로서 나타나기 시작했다. 20세기 초반에 이르러서 미국 시민들은 금속을 사용한 그네와 미끄럼틀 같은 것들로 구성된 놀이터를 기대했으며, 똑같은 구성 요소들이 몇십 년 동안 놀이터를 장식했다.

1940년대부터 전쟁과 황폐함이 놀이터 업적의 배경이 되었다. 소수의 미국인들이 연구를 마친 후 유럽인들이 앞장을 섰다. 그 중의 몇몇은 놀이터를 그들의 재건 계획과 섞을 수 있었고, 어린이들을 위한 놀이의 중요성을 다루던 심리학자

›› 유아, 어린이들이 사용하는 놀이기구는 다목적 기능과 지능 발달에도 영향을 미치는 디자인과 특히 안전한 재료 사용이 계획되어야 한다.

》 유아, 어린이들이 사용하는 놀이기구 디자인
놀이기구 디자인은 시대 변화에 따라 발전되어야 한다.

들의 아이디어를 편입할 수 있었다.

다른 어떤 도시들보다 코펜하겐과 암스테르담은 놀이터의 놀라운 변화를 후원했다. 스칸디나비아 사람들은 전통적인 기구를 포기하고 위험 부담 수용에 기여했다. 네덜란드의 건축가 Aldo van Eyck은 놀이터를 도시 구조 안으로 통합하고, 예술적인 추상 창작을 제공하였다.

Museum of Modern Art(현대미술관)와 Creative Plaything 제조업자는 놀이터와 최첨단 조각의 조화를 촉진하는데 도움이 되었다.

1880년대 특별한 목적을 위해 건립된 미국의 첫 놀이터들은 범죄 방지, 인격 형성, 단순한 운동 등의 역할로부터 탈피하지 못했다.

이민자들이 공동 사회에 융화되는데 있어 놀이터의 역할에 대한 연구는 최근에 시작되었다. 특히 1900년대 초반 진보적인 개혁 움직임 기간에 놀이터는 놀이가 어린이들의 직업이라는 믿음으로부터 혜택을 받았다. 주변 환경을 활동적으로 탐험함으로써 적응하는 어린이들을 어른들의 축소판으로 묘사한 John

Dewey의 이론은 이 개념의 중요한 원인으로 작용했다. 각자의 직업에 종사하지 못하는 어린이들은 비행으로 빠진다고 믿었다. 또 다른 방법의 이론은 육체적인 활동, 특히 근육 관리가 더 낳은 시민을 만드는 도덕적인 면을 가지고 있다고 주장했다.

1920년대에 글을 쓰던 놀이터의 역사가는 놀이터의 중요성은 아이들을 감시하고 비행을 방지할 수 있는 것이라 믿었다. 인공적인 건축물인 놀이터는 어린이들의 관심을 얻기 위해 항상 거리와 경쟁을 해야 했다.

1900년까지 미국의 주요 도시들은 어린이들을 위한 놀이터를 가지고 있었다. 미국의 놀이터 안에는 모래 상자와 같은 시설 체육관 설치가 의무적으로 규정되었다.

모래 상자는 독일에서 수입된 아이디어의 미국식 버전이었다. 제1차 세계대전 전에 상설된 미국 놀이터는 그네와 모래 상자, 시소로 이루어져 있었다. 딱딱한 표면에 놓여지고 높은 담으로 둘러싸인 이런 구성 요소들은 항상 놀이 책임자와 잘 편성된 포괄적인 프로그램, 포크 댄스 같은 것들과 함께 추진되었다.

1906년 Playground Association of America(미국 놀이터 협회)의 창설은 놀이 움직임의 조직 제도와 대중 영역이 어린이들의 활동에 대한 책임을 진다는 인정을 표시했다. 그 전에는 공동 사회의 이익을 염두에 둔 개인적인 단체들이 어린이들을 위한 레크리에이션 서비스를 제공했었다.

국가의 후원을 받은 몇 년 간은 안전에 대한 문제가 대두되었다. 1912년 뉴욕시는 모든 공원에서 체육관은 위험하다는 이유로 철거했다. 안전은 놀이터를 인정하는 척도였다.

〉〉 프랑스, 난지(Nangis)
1970년 잭퀴스 싸이먼이 디자인한 도심 속의 놀이 공간
자라나는 어린이들에게 좋은 에너지와 지능 발달에 도움이 된다.

공원 안에서의 인공적인 물은 자연적인 해안선보다는 공원의 사회적 내용을 더 중요하게 나타내기 위해 창조되었다. San Francisco에서 Hall은 바닷가를 취급하는데 주어진 낮은 우선권에 대해 불평했고, Chicago에서는 갯벌들과 호수들의 창조 바로 이후에 생겨난 Michigan 호수를 따라 영구적인 바닷가를 창조했다. 호숫가는 언제나 대중 영역임에도 불구하고 뉴욕은 Central Park을 선호해서 Jones Woods에 있는 해안 지역을 포기했었다. 훨씬 이후에 뉴욕의 Riverside Park의 물가가 Central Park의 놀이공원으로 확장되기도 했었다.

코펜하겐이 독일 지휘 아래에 있었을 때, 덴마크 자연 풍경 건축가 C. Th. Sorensen(1893~1979)는 덴마크 수도 엠드럽(Emdrup) 지역에 첫 탐험 놀이터를 개발했다. 긍정적으로 인식되었던 놀이터는 전쟁을 치르고 있는 나라에 완벽한 해결책이었다. Sorensen은 한 에이커가 좁은 크기의 공간에서 어린이들에게 쓸모 없는 나무나 금속, 혹은 돌 등을 주었다. 똑같은 사람이 소수의 연장, 망치나 톱과 못 등을 나누어 주었다. 당시 힘든 시기에 어린이들에게 나누어 줄 수 있는 것들은 아주 쓸모없는 폐물이나 연장이었을 것이다.

존경받는 전문가로 여겨진 한 명의 관리자가 단지 안내를 하기 위해 시간을 내었고, 이것은 놀이터의 성공 비결이었다. 각 장소에서 아이들은 그들이 원하는 것을 자유롭게 고를 수 있었다.

어린이들에게 쓸모없는 물건(재료)과 그것을 바꿀 수 있는 연장을 주고, 전문가를 고용해 뒤에서 지켜보다가 필요할 때만 도움을 주는 식의 단순한 개념은 아직도 놀랍다. 놀이터의 큰 구조물은 매년 가을마다 부서져 해마다 새롭게 시작할 수 있게 했다.

이 모든 자유를 주었을 때 어린이들은 자신이 생산하는 모든 것의 자체 관리자와 운영자가 되었다. 그들의 동지애와 지배되지 않은 창의력은 놀이 경험의 본질이 되었다. 대부분의 지역에 영향을 미쳤던 정치 지배의 탈출구로서 탐험 놀이터는 자유와 실험의 기회를 제공했다. 탐험 놀이터의 영향이 직접적이고, 전쟁 후에도 영속된 것은 놀라운 일이 아니다.

개발 후 첫 10년 안에 그곳은 근처의 더 표준화된 놀이터의 인기도를 훨씬 넘었다. 그곳의 긍정적인 업적은 어린이들이 참여할 수 있는 여러 종류의 활동들과 프로젝트를 완성하기까지의 자연적인 협동으로 인해 이루어졌다.

탐험 놀이터는 어린이들에게 제공된 안전한 시설 중 앞쪽에 자리 잡았다. 그들의 훌륭한 기록은 놀라웠고, 특히 어른들의 걱정을 해소해 주었다. 이런 놀이터들은 어린이들 스스로 금지의 구역에 들어왔다고 느끼게 하고, 놀이에 부적절하게 보이는 재료들, 보통 어른들에게만 주어졌던 연장들을 쓸 수 있다는 것으로 유혹했다. 위험에 대한 환상이 이런 놀이터들을 매혹적으로 만들었다. 이러한 특색이 가장 두드러진 장점이고 탐험 놀이터가 넓은 폭의 연령층과 비교적 작은 장소에 많은 수의 어린이들을 그러모을 수 있는 이유일 것이다. 새롭게 시작하거나 유지하기에 비싸지 않은 이런 시설은 지속적으로 도난의 염려 없이 여러 가지의 활동을 제공했다.

영국에서 탐험 놀이터는 1905년에 시작되었다.

숙련된 horticulturist(식물 관계자)이면서 World Organization for Early Childhood Education(세계 유아 교육 단체)의 창립자이기도 한 Lady Allen of Hurtwood(1897~1976)는 탐험 놀이터의 개념을 영국 땅에 소개시켜 놀라운 영향력과 지속적인 힘을 준 장본인이기도 하다. 그녀는 1970년에 그 개념을 런던의 장애를 가진 어린이들에게까지 넓혀 Adventure Playground for Handicapped Children을 창설했다. 이때 즘에는 탐험 놀이터가 20년 전보다 더 진보적인 교육 이론의 생각을 포함하고 있다는 것이 명확해졌다.

심리학자 Erik Erikson은 그의 《Childhood and Society(1950), 유년시대와 사회》 책에 놀이의 사교성에 대해 저술했고, 스위스 심리학자 Jean Piaget는 그의 《Origin of Intelligence in Children(1952), 어린이 지능의 원천》 책에 놀이와 인식의 성숙 사이의 연관성을 체계적으로 나타냈다.

Lady Allen의 위치는 교훈적인 방법들을 주의하기보다는 시민성과 더 관련이 있다. 그녀는 탐험 놀이터가 어린이들이 서로의 책임과 타협할 수 있는 곳이라고 믿었다.

이 방식으로 그녀는 20세기 초반 이민 온 어린이들에게 새로운 문화를 익힐 수 있는 곳이라고 생각하고 놀이의 범위를 넓혀갔다.

다산 작가이며 강사인 Lady Allen은 미국인들에게 자신의 아이디어의 가치를 납득시키는데 어려움을 겪었다. 몇몇 미국 도시들은 실제로 남은 전쟁 기구들을 놀이터로 씀으로써 지역 소모품들에 애국자적인 트위스트를 주었다. 그런 노력과 관련하여 한 잡지 기사의 제목 〈Where shall We Adventure(어디서 탐험을 할까)〉은 유럽의 전통적이지 않은 놀이 공간을 반영하는 것처럼 보였다.

탐험 놀이터는 북아메리카에서 인기가 없었다. 하지만, 이것은 Lady Allen이나 그녀의 이상들이 외면되거나 잊혀졌다는 뜻이 아니다. 1960년대에 프로젝트를 시작하여 오늘날까지 지속하는 많은 디자이너들은 탐험 놀이터의 혼을 그들의 작품 속에 주입하려고 노력했다.

탐험 놀이터라는 단어는 아직도 잠재력을 가지고 있다. 적어도 한 미국 제조업체는 다른 모든 곳에서 똑같은 기구들을 가지고 있는 업체보다는 탐험 놀이터라는 이름을 채택했고, 많은 수의 21세기 전통 놀이터들도 똑같은 별명을 지니고 있기도 하다.

〉〉 호주, 시드니
도심 속에 놀이 공간 확보는 매우 중요하다.
공간 선택과 시설물 디자인은 전문가에 의해 선행되어야 한다.

〉〉 미국, 산호세
좋은 놀이 공간 디자인은 도시를 쾌적한 공간으로 만들어 준다.

〉〉 영국, 런던
2차대전 후 전쟁으로 허물어진 건물에 어린이 놀이 공간을 만들었다. 공간과 공간을 이용한 어드벤처 탐험놀이 디자인도 활성화되기 시작했다.

04 정원 디자인

1. 정원의 유례

"20세기 풍경 건축에 걸맞는 스타일은 아무 스타일도 아닌 새로운 인간 환경의 계획 개념이다." – Christopher Tunnard

정원과 풍경 디자인은 문화와 자연 사이에 최초의 링크를 만들고, 이런 관점에서 디자이너의 작품은 굉장한 중요성을 가지며 현대 사회에 주목할 만한 공헌을 하는 것으로 보이기도 한다.

로열 궁전의 정원사들은 항상 특권을 가진 그룹이었다. 지배를 받는 이들이 꿈꾸는 부 이상의 부를 가진 그들은 중세 시대부터 20세기까지의 유럽 역사를 거치면서 굉장히 큰 권력을 누렸는데, 어떤 때는 그 권력에 한계가 없을 정도였다.

그 권력은 여러 가지의 형태로 명시되었지만 한가지 확실한 것은 예술 후원이다. 중세 시대 왕을 비롯하여 많은 왕족들은 자신들의 지위를 유지하기 위해 높은 위치를 나타내는 상징물이 필요했다. 많은 군주들은 자신들의 권력과 명성을 나타내기 위해 웅장한 궁전을 짓고 그 주위를 장엄한 정원으로 둘러 쌓았다. 이것은 그들에게 최고의 방법이었다. 이런 화려한 환경에서 많은 의식과 궁중 연회 등이 이루어졌다.

》 영국, Flora의 성당
18세기 당시 조경 디자인 및 정원 건축은 웅장함을 더하고 있다.

현대 유럽풍 정원의 기초는 이탈리아의 정원이다.

르네상스 시대에 디자인된 정원의 후원자들은 다른 모든 분야의 예술에서처럼 여러 이탈리아 국가들의 권력과 부를 가진 집안들이었다.

정원의 발전이 벨기에, 영국, 프랑스, 독일, 네덜란드, 포르투갈, 스페인 등 다른 유럽의 나라로 옮겨가면서 왕족들의 활동적인 관여가 중요해졌다.

17세기, 18세기, 그리고 19세기까지 200년 동안 대륙의 왕족들과 통치자들은 정원 발달에 많은 영향을 주었다. 18세기의 영국 풍경 운동을 제외하고(주요 후원자들은 영국 정치와 사회를 지배하던 휘그당 귀족들이었다.) 유럽의 왕족들은 프랑스의 클래식한 것부터 더치의 바로크 양식과 독일의 로코코 양식까지 대다수 정원 디자인의 스타일을 발전시킨 주된 사람들이었다. 이런한 정원 발전에는 왕가의 결혼을 통한 가족 관계, 그리고 왕족의 지위를 사용해서 얻은 앞서가는 디자이너들, 건축가들, 장인들과 정원사들의 인맥이 지배적인 역할을 하였다. 이

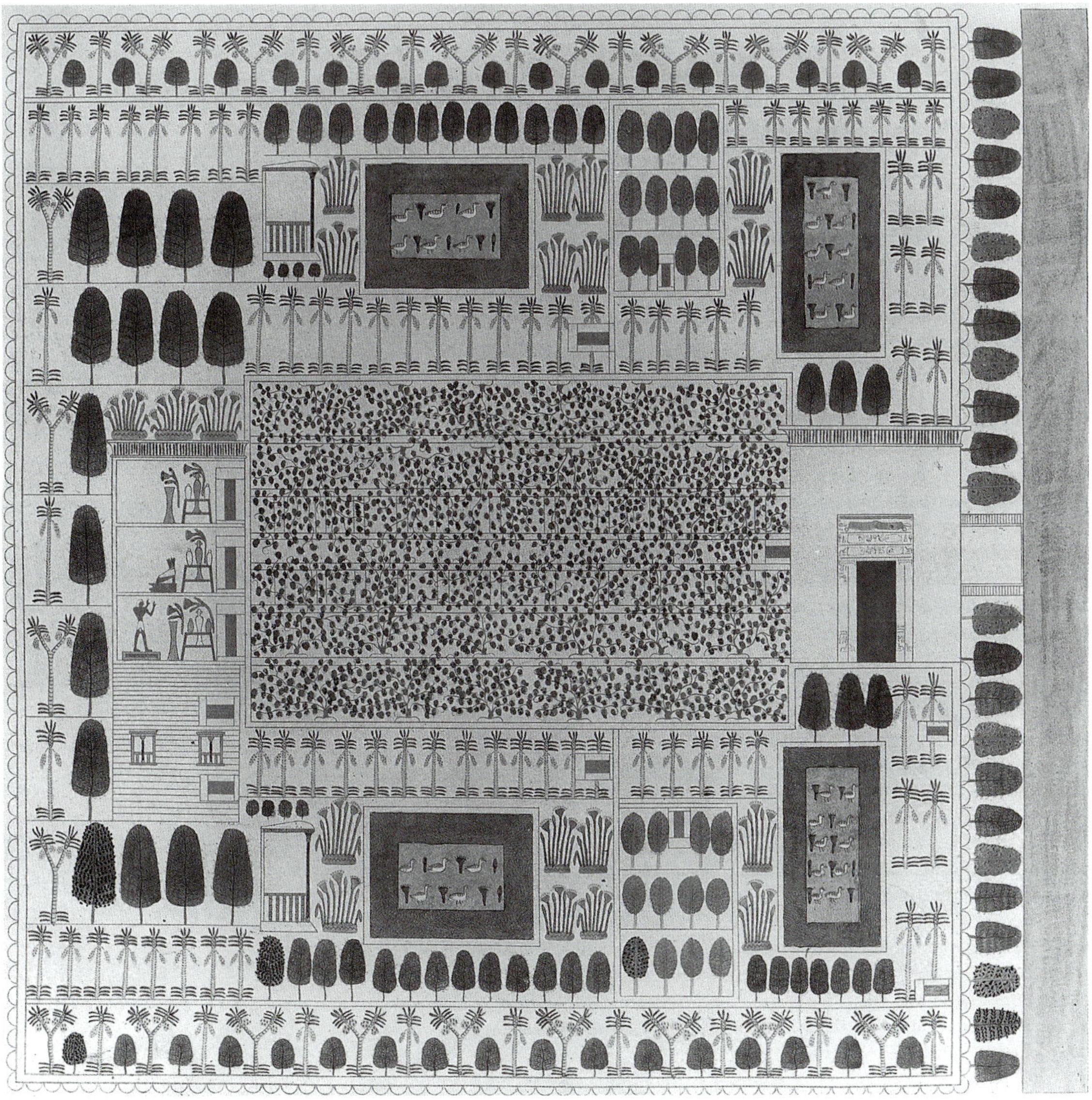

》 이집트의 옛 수도 Thebes
BC 2000년도에 설계된 정원. 풀장, 연못, 화단, 나무 등으로 장엄하게 계획 및 디자인되었다.

것들은 널리 퍼진 베르사유의 근본적인 바탕이 되었다.

17세기 말 로열 정원을 만드는 이들은 루이 14세가 만들었던 유럽의 가장 훌륭한 정원을 본뜨기를 바랬다. 그리하여 그의 손자 필립 5세가 스페인 Aranjuez와 La Granja에서 그의 본을 따랐고, 루이의 증손자 찰스 3세도 이탈리아 Plazzo Reale에서 본을 따랐다. 그리고 루이 14세가 프랑스 베르사유에서 가장 우수한 3인자에게 정원 업무를 맡겼듯이 다른 유럽의 왕족들도 베르사유에서 일을 했던 장인들, 특히 Jean-Baptiste Le Blond의 고용인이었던 Peter the Great나 베르사유의 디자이너 Andre Le Notre의 가장 우수한 제자를 받아들였다. 만약 왕족들이 베르사유에서 일했던 사람들을 받아들이지 못했을 때는 그들의 디자이너들이 그곳의 정원에 정통하기를 바랐을 것이다.

루이 14세의 후계자 루이 15세는 상수시(sanssouci)에 위치한 프리드리히 2세의 정원을 위해 조각품들을 기증했고, 프로이센 왕은 그의 여동생과 결혼한

〉〉 프랑스, Machinede Marly에 설계된 정원과 조경, 폭포 등은 16세기에 계획되었다.

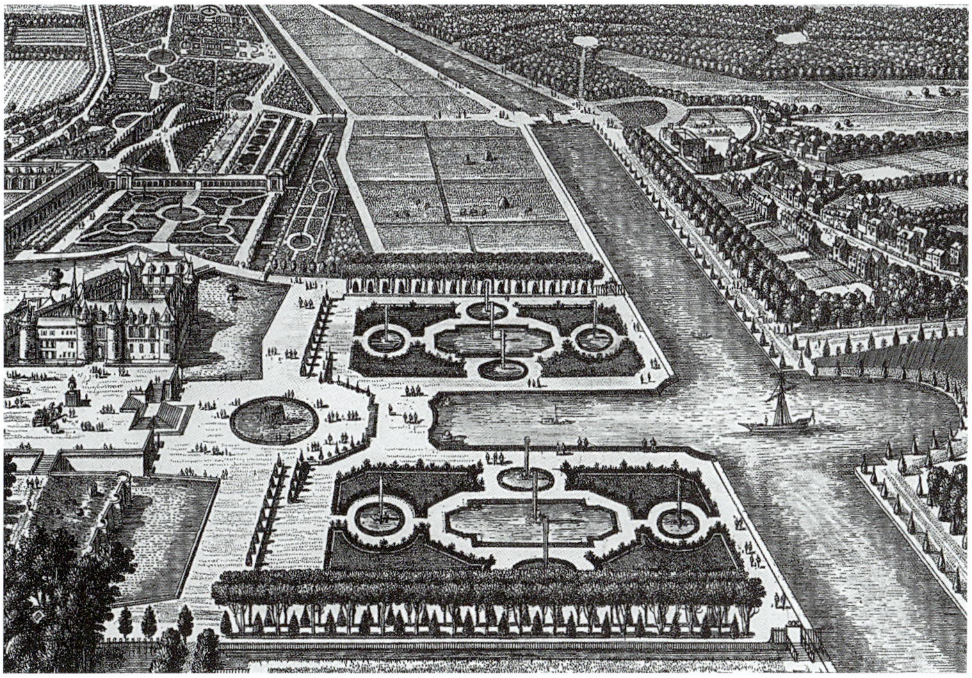

〉〉 프랑스
1671~1672년도 Chantilly에 설계된 정원, 수로, 화단, 건축물의 설계는 광대하게 계획되었다.

Drottningholm의 정원에 큰 보탬을 준 스웨덴 왕과 정원에 대해 토론하고 정보를 나누었다.

이런 결혼을 통한 가족 관계들은 항상 진심에서 나오는 관계는 아니었지만, 독일 국가와 그 밖의 여러 나라에서 다양하게 나타났다.

그러나 친근하든 아니든 유럽 나라들의 왕족 간의 결혼은 한 가족이 하나 이상의 나라에 영향을 미치게끔 했다. 부르봉과 합스버그에 더해 오렌지의 윌리엄과 영국 왕 제임스 2세의 딸이자 윌리엄의 부인인 메리는 당시 네덜란드와 영국의 로열 정원인 헤트 루(Het Loo)와 햄튼 코트의 발전에 중요한 역할을 맡았다.

1714년 영국 여왕 앤의 사망 당시 하노버(Hanoverian) 왕가는 나중에 영국 정원 스타일을 그 본토인 독일에 전파하게 된다.

영국 하노버(Hanoverian) 가족의 일원들은 유럽의 로열 정원사들이 창설하려던 힘 있고 혁신적인 원예학과 식물학의 네트워크를 실천한 사람들이다. 로열 식물원 Kew는 18세기 리치몬드와 Kew House 옆에 건설되기 시작했다.

왕 조지 2세와 그의 부인 왕비 캐롤린은 리치몬드에 살았고, 그들의 아들 웨일스의 왕자인 프레드릭과 그의 부인 어거스타는 Kew에 살았다.

프레드릭의 사망 후 어거스타는 그의 정원을 정치가이자 정원사였던 Lord Bute의 도움으로 유지하면서 수수한 식물원을 1759년에 창설했다. 그녀의 사망 후 조지 3세가 왕이 되었을 때 그는 두 토지를 합쳐 식물원을 발전시켰다. 그는 Lord Bute와 비공식적인 관리자 Sir Joseph Banks에게서 조언을 받았다. 1820년 Banks와 왕의 사망 후 Kew와 친밀한 로열 연관은 사라졌고, 1838년에 정원은 국립 식물원으로 바뀌었다.

Kew에서 파견된 식물 채취자들은 그들의 로열 후원자들을 위해 일을 했다. 첫 번째 채취자 Francis Masson이 1770년대에 남아프리카의 케이프 콜로니에서 채취 후 영국으로 가지고 온 이국적인 식물을 Strelitzia regina라고 이름 지었는데, 이는 조지 3세의 부인에 대한 경의 표시였다.

남아메리카에서 식물원 비닐 하우스에 소개된 가장 인상적인 식물은 Victoria amazonica라고 명명되었는데, 이는 빅토리아 왕비에게 경의를 표한 것이었다. 한 세기가 지나기 전에 Kew는 세계에서 가장 명성이 있는 원예 기관이 되었다.

빅토리아와 그의 남편 앨버트 왕자는 정원에 대한 관심을 그들이 선호하는 집

》 프랑스, Etang
파리 도심 근교 Etang에 최초 설계된 정원 디자인

에 표현하였다. 특히 Isle of Wight의 오스본 하우스에 많은 표현을 하였다. 그리고 이 케이스는 미래의 영국 왕가의 집안 내력이 되었다. 엘리자베스 여왕과 그 어머니는 특히 그녀의 집과 스코틀랜드의 캐슬오브메이어 정원에 애착을 가졌고 의심할 여지 없이 그녀는 손자, 웨일스의 왕자에게 정원에 대한 관심을 자극시켰다. 그리고 왕자는 그의 사랑을 그의 집 Gloucestersire의 Highgrove House의 정원에서 표현했다.

가장 높은 품질의 정원은 로열 권력과 후원을 통해 고용할 수 있는 최고의 디자이너들과 장인들로부터 얻을 수 있다. 이 점은 오스트리아 대공 Franz Ferdinand와 보헤미아에 있는 그의 Konopiste 정원에서 보여지듯이 로열 상속으로도 이루어질 수 있다.

Konopiste 정원 장식품들의 품질은 그의 어머니 시슬리와 네이플 왕의 여동생이 남긴 유산으로 크게 높아졌다. 모데나공의 콜렉션 중, 특히 빌라 에스테로부터 18세기에 모데나 집안으로 옮겨진 조각은 그 품질이 매우 높았다. 이런 장식품들의 품질은 세기 내내 로열 정원의 트레이드 마크였다. 정원들의 꾸준한 진화와 생존은 지속적으로 정원을 즐겼기 때문이다. 많은 정원이 전통적인 디자인이 순응되고, 더해지고 혹은 집안의 후세를 통해 확장되기도 했다. 소수의 전통 정원은 없어지거나 전혀 알아보지 못하게 바뀌기도 하였다.

현 시대의 정원들의 생존에 있어 로열 신분의 특권은 최고이다. 신분적 특권은 치솟는 유지 비용을 확실히 해결했는데, 특히 소유권이 황실 집안에서 내려온 경우엔 더욱 그러했다. 또 이 점은 지속적인 복구 작업을 이끌었고, 그중 Het Loo, Hampton Court와 Peterhof 같은 곳은 계획적이고 꼼꼼한 정원 복구 작업이었다.

하지만, 이런 정원들이 만들어지고 3세기가 지난 Drottninghom, Fredensborg와 Aranjuez의 정원들은 황실 토지가 아니지만 아직 각각의 스웨덴, 덴마크, 스페인의 황실 사람들로 인해 지속되고 있다.

몇 세기 전에 만들어진 웅장했던 정원들이 사생활의 자유를 추구하는 현대와 결합하면서 20세기 후 정원 창설의 원동력이 되었다.

Drottninghom와 Fredensborg에서는 그 궁을 주거지로 사용하는 왕족들의 사생활을 유지하면서 대중의 출입이 어느 정도까지는 허용되었다.

하지만, 다른 개인 소유의 집들, Highgrove와 Chateau de Belvedere 같은 곳은 이와는 다른 훨씬 더 개인적인 분위기가 조성되어 있다. 여기에서 정원을 사랑하는 소유인들은 자신들이 원하는 정원을 창조하고 좋아하는 식물들을 키운다. 양쪽 케이스에서는 훌륭한 현대 정원 디자이너들과 장인들에게 도움을 위탁해서 오래된 전통의 품질을 유지했다.

많은 정원들의 나이와 여러 종류의 성격들을 고려했을 때 하나 이상의 장들이 적절하다. 하지만, 그들은 그들의 가장 잘 어울리는 주요 요소로 그룹되어 있다. 그래서 Peterhof가 제2차 세계대전 후 경이적인 복구가 아니었다면 그 이상 화려한 상태로 살아남지 못했을 것이지만, 결과적으로 그곳은 18세기 때 Peter the Great가 원했던 쇼 정원으로 남아있다.

오스본 하우스는 빅토리아 여왕과 그녀의 남편 앨버트 왕자가 특별히 대중의 눈에서 벗어나 편히 쉴 수 있는 그들의 별장으로 구입하고 개발시켰다. 정원들은 1990년대 전문적으로 복구되고 다시 심어졌다. 정원들은 그들의 창조와 개발에 관련된 많은 다른 연관들을 나타낸다. 그것은 친목과 가정, 디자인 스타일의 감탄, 혹은 그들에 의해 훈육된 디자이너들, 건축가들, 조각가들이나 장인들의 사용이다. 그들은 4세기 이상 유럽 정원의 독특한 일러스트레이션을 만들고, 르네상스부터 21세기까지 정원 전통의 쇼 케이스로서 활약했다.

앞으로도 많은 업적들이 이루어져야 한다. 다시 말해 그저 존재하고 있는 정원들의 유지와 복구뿐만이 아니라 미래의 정원 스타일도 포함시키면서 새로운 정원들을 만드는 데도 힘을 모아야 한다.

2. 정원의 유형과 기능

1930년대 후반부터 문화적인 영향으로 유럽과 아메리카, 그리고 일본에서는 정원과 풍경 디자인이 발전하였다. 이런 장소에서 풍경 디자인은 20세기 예술의 영향 - 큐비즘에서 미니멀리즘까지, 건축의 바우하우스에서 뉴욕 파이브까지 - 를 반영한다. 이런 문화적인 배경 안에서 3명의 위대한 20세기 예술인과 디자이너들이 현대 풍경 진화에 특정한 영향을 주었다.

그들은 브라질 화가 Roberto Burle Marx, 일본계 미국인 Isamu Noguchi와 멕시코 건축가 Luis Barragan이다. 이들의 이름 앞에는 어떠한 풍경 건축 대학의 학위도 필요하지 않다. 하지만, 정식으로 교육받은 풍경 건축가들에게도 영향을 미쳤다. Thomas Church, Daniel Urban Kiley, Garrett Eckbo, James Rose와 Ian McHarg는 1950년 후에 나타난 가장 중요한 이름들이다. 이런 다양한 유형의 등장은 풍경 디자이너들과 건축가들로 하여금 20세기적인 생각을 할 수 있는 영감을 주었다.

현대 디자이너들은 고전적 스타일을 정원의 전체적인 모델로 받아들이지 않는다. 현대 건축이나 예술에서 받거나, 장소 그 자체로부터 받는다.

20세기 후반의 풍경 디자인은 상당히 다양하다. 하지만, 몇 개의 두드러진 특징을 가지고 있다.

첫 번째는 공간을 다루는 방법이다. 현대 디자이너들은 현대 미술과 건축에 영감을 받아 공간을 입체적인 조각상으로 접근하였다. 정원들은 이제는 하나의 축으로 된 전통적인 방식으로 디자인되지 않는다. 여러 축과 대각선, 그리고 비대칭적인 개념은 큐비스트의 디자이너들로부터 영향을 받았다. 추상적인 미술도 디자인에 똑같이 중요한 영향을 주었다. 추상적인 미술은 정원의 곡선형이나 유기적 형태에서 나타난다.

두 번째는 모든 전통적이고 고전적인 스타일이 거부된 것은 아니라는 점이다. UR(이슬람식의 배치, 서양 문명에 알려진 가장 전통적인 정원 디자인 양식)은

〉〉 독일, Mannheim
schwetzinsen의 정원 디자인. 정원 디자인은 특징적인 유형과 많은 기능을 가진 연출 계획이 요구된다.

20세기 건축의 직선적인 스타일과 잘 어울리며, 기하학적인 형태들은 International 스타일의 건축에서 이끌어 내었다.

현대 디자이너들은 정원이 사람들을 위한 장소라는 것에 큰 중점을 두었다. 디자이너들은 사회 구조와 직장 패턴의 변화 등 사회적인 문제를 고려해야 했다. 어떤 정원 디자이너들은 교대 근무자들이 밤에 사용할 수 있는 정원을 만들어 달라는 의뢰를 받기도 하였고 도시 풍경의 부분인 발코니나 계단, 그리고 포장된 장소 같은 아주 작은 틈새에 정원을 만들기도 하였다.

또한, 환경보호에 대한 높아진 관심을 인식하고 토박이 풀이나 가뭄에 잘 견디기는 식물들을 심는다.

20세기 후반에 이용할 수 있게 된 기술은 많은 새로운 재료들을 생산했다. 플라스틱, 금속, 유리섬유로 된 돌 모형들, 광섬유를 사용한 조명 및 인공적인 안개는 1980년대 초반부터 공공 풍경에 쓰이기 시작했다. 이러한 시도는 개인 정원들에서도 볼 수 있다.

"썰물과 밀물 변화의 리듬은 하늘 아래 모든 것에 번갈아 가며 존속한다."
– Thomas Hardy

"그리고 정원과 풍경 디자인은 가장 중요한 하나의 자질이다. 이 특성은 생동감과 기쁨, 움직임과 휴식을 준다. 그것은 시가 되고 노래가 될 수 있다."

미국의 풍경 디자이너이자 보스턴에 Garden in the Woods(숲 가의 정원)을 창조한 Will Curtis가 이렇게 말했다. 이 말에 전체적으로 동의하든 안 하든 그

›› 러시아, St.petersburg
화려한 분수대 디자인은 정원의 자연적인 분위기를 한층 더 살려준다.

는 이 포착하기 어려운 자질을 그의 디자인에서 가장 적합한 방법으로 표현하였다. 현대 정원의 리듬과 움직임은 땅의 형태와 식물과 물에 관련되어 유래한다. 이 모든 것들은 결속성과 디자인의 방향을 일러주고 다양한 경험을 표현할 수 있도록 한다. 좁은 길들과 그들의 움직임, 구성되거나 가려진 시야, 초점과 보이는 점의 위치, 수평의 변화, 그리고 물이나 식물 같은 요소들의 움직임 등 모든 것들이 중요하다.

이 모든 요소들의 집합이 대조를 창조한다. 대조란 어떤 디자인에서도 가장 중요한 하나의 요소이다.

정원이나 풍경에서 건축가나 디자이너가 첫 번째로 집중해야 할 요소는 지면이다. 다른 모든 요소들은 지면에 의해 통제된다.

전통적인 그리드는 19세기와 20세기 초 유럽풍의 스타일이 혼합된 정원들에 의해 아직 쓰이고 있다.

〉〉 스웨덴, stockholm
Drottningholm's 섬의 정원은 인공 자연의 아름다움을 제공해 준다.

지면의 구성은 모든 정원이나 풍경 디자인의 기초이다. 그리드의 멋진 예와 그것의 현대적 사용은 Kathryn Gustafson의 Evry에 위치한 Rights of Man Square의 디자인에서 볼 수 있다. Evry는 1970년대에 파리 근처에 지어진 다섯 개 도시 중의 하나이다. 1980년대 말에는 Evry의 인구가 8만 명 가까이 도달했다. 새로운 도시의 스퀘어를 만들자는 결정은 성장하는 도시의 통일감을 형성하기 위한 노력이었다. Gustafson은 건축가 Gerald Pas와 동업해 1989년도에 2.5에이커의 장소를 디자인하는 경쟁을 따냈다. 경쟁을 주최한 단체는 "Rights of Man(인간의 권리)"이라는 모티프를 정했다. Gustafson은 Rights of Man의 제2장, 표현의 자유에 대해 응답했다.

그녀는 대중과 개인의 활동을 위해 스퀘어를 만들었다. 그곳에서는 시정 행사와 음악, 춤 등이 있었으며, 시의 단상으로써 어느 시민이든지 연설을 할 수 있게 했다.

〉〉 파리, Courances
수로와 우거진 숲의 풍경은 자연의 도시로 만들어 준다.

또한, 그곳은 친구들을 만나기 좋은 장소이며, 전원 풍경을 옮겨 놓은 것 같은 물 소리와 식물들이 있고, 그 안에서 식사를 즐길 수 있다. 스퀘어의 지면을 낮춤으로써 스위스 · 이탈리아계의 건축가 Mario Botta가 만든 Saint Corbinien의 성전과 안뜰은 중심적인 초점을 만드는 장소가 되었다.

주요 도로에는 희미한 회색의 셀틱 켈트식의 화강암이 깔렸고, 다시 그 위를 하얀 화강암의 그리드로 포장하였다. 계단이나 경사로에서도 그리드를 사용하였으며, 이런 높낮이의 변화로 스퀘어를 둘러싼 빌딩들의 조화는 환상적이다. 예를 들어 큰 화강암의 지하 파킹장으로 내려가는 나선식 계단은 Botta 교회의 큰 아치 스케일과 일치한다.

앞서가는 현대 디자이너 Gustafsondms는 수직과 평행의 전통적인 요소들의 배열을 개정했다. 작가는 그 요소들을 20세기 말의 미적 감각을 반영하도록 배열했다. 각 요소들의 위치는 디자인 고유의 리듬과 움직임의 대조를 이루었으며 이렇게 많은 유형과 기능을 가진 정원의 창조는 지속적으로 발전해 가고 있다.

3. 정원의 심리적 배경과 새로운 요소

지난날의 잘 가꾸어진 정원들은 우리에게 많은 것을 가르쳐 준다. 오늘날까지 남은 정원들은 계획적으로 보존되었으며, 그 중 몇 세기에 걸쳐 어떤 가족에 의해 보존된 것도 있다.

17세기부터 20세기까지 버려졌던 프랑스 Courances의 정원들은 Ganay 집안에 의해 보존되었다. 비슷한 기간 동안 방치되었던 Desert de Retz는 Oliver Choppin de Janvry에 의해 재건되었다.

최근에는 정부와 자선 단체들이 정원 전통을 유지하는 일에 발벗고 나서고 있다. 덴마크에서는 17세기 Rosenberg 궁전과 18세기 Frederiksorg성의 정원, Fredensborg 궁전을 복구하고 유지하려는 정부의 공동 노력이 있었다. 일본에서도 Katsura 황실의 Great Stroll 정원은 본래의 상태로 유지되었다. Golden

〉〉 덴마크, Esrum 호수
Fredensborg Place 안에 설치된 아치형 꽃 장식의 터널은 심리적으로 안정적인 분위기를 연출해 주고 있다.

Pavilion의 호수 정원과 Silver Pavilion의 자갈 공원도 마찬가지다. Ryoan-ji Zen 정원과 작지만 상당히 중요한 Daitoku-ji 사원의 불교 정원도 마찬가지로 유지되었다.

일본과 덴마크에서 정원 풍경은 미술과 건축, 디자인의 한 부분으로서 사회에 내재되어 있다. 그리고 역사적으로 중요한 정원들을 발견하고 관찰하기 위해 헌신하는 국제 단체들이 존재한다. Benneton 재단은 역사적인 풍경을 유지하는 활동을 후원한다. 독일의 Worlitz 공원과 프랑스의 Desert de Retz는 이 재단의 후원을 받았다. 다른 단체들은 식물들을 보존하는 일에 전념했다. Botanic Gardens Conservation International(세계 식물원 보존회)는 런던의 Kew 정원에 근거지를 두었다. 세계 식물 보존회의 110개국 500여 명의 인원은 정원의 식물 보존을 위해 활발한 활동을 하고 있다. 그곳에서 스폰서가 되는 많은 식물원은 역사적인 큰 중요성을 가지고 있다.

》 영국, 런던

Royal Botanic 정원의 연못은 신비하고 희귀한 식물로 장식되어 새로움을 더하고 있다.

스폰서로는 이탈리아의 Padua와 Pisa, 옥스퍼드 케임브리지의 Rio de Janeriro, 그리고 영국의 Chelsea Physic 정원이 있다.

1909년에 발간된 On the Making of Garden에는 Sir George Sitwell의 16세기 이탈리아의 정원을 찬미하는 찬미가가 있다. 그 찬미가는 정원의 시간과 변화에 경의를 표하고 있다.

Lante 같은 정원은 세상을 가진 것과 같고 그곳을 만드는 이는 수천 명의 삶에 영향을 미친다. 또한, 과거의 훌륭한 점과 관계를 맺어 주고, 그들의 생각과 갈망을 더 높은 곳으로 일으켜주고, 그들의 영혼의 빛을 나타나게 하고, 그들의 눈으로 세상의 아름다움을 볼 수 있게 하는 훌륭한 시인이다. 그리고 모든 이상이 집약된 오래된 집과 정원은 국가와 후세에 대한 선물이고, 더 많은 역사와 미술, 철학을 배울 수 있는 곳이다.

시간은 기후와 합해져서 정원 풍경의 변화를 좌우한다. 현대의 풍경 디자이너들은 그들의 디자인에 시간의 영향에 대해 언급을 하고 있다. 네덜란드의

》 프랑스, Versailles
연못 안에 조각품과 조경이 고풍스럽게 유지되고 있다.

》 스코틀랜드, Caithness
castle of Mey는 1952년 King George 4세에 의해 재건축되었으며 성과 조경이 자연에서 또 다른 자연을 연출해 주고 있다.

Geuze, 프랑스의 Desvigne, Dalnoky와 Gustafson, 스페인의 Ariola, Piol, Torres, Lapena, 덴마크의 Stig Andersson 등은 시간과 변화를 어느 정도 그들의 디자인에 사용한다.

이것의 멋진 예는 George Hargreaves의 작품에서 찾을 수 있다. 케임브리지, 매사추세츠와 샌프란시스코에 근거지를 둔 Hargreaves Associates의 중심 아이디어는 문화와 환경의 연관성과 땅과 사람들의 연관성이다. 이 회사의 디자인에서 시간과 변화는 환경 친화적인 접근과 지속할 수 있는 풍경의 한 부분이 된다.

샌프란시스코의 Byxbee 공원을 위한 Hargreaves의 디자인은 시간과 변화를 바탕으로 한 사례이다. 공원 안의 땅에는 계절마다 바뀌는 풀들을 심었다. 나파밸리의 Villa Zapu에서 그는 꼬불꼬불한 패턴으로 풀과 야생 꽃을 심었다.

첼시아 쇼에서 꽃은 우리의 마음을 시간과 변화에 집중하도록 사용되었다.

1988년의 샤넬 정원은 클래식한 17세기 프랑스 전통 정원을 임시 본뜬 것이었다. 그것은 3주에 걸쳐 설치했고, 5일 동안 대중에게 공개된 후 3일만에 해체되었다. 세월에 반항하는 듯한 이런 행위는 James Pierce의 Earthwoman과 대조를 이룬다. Earthwoman은 고대 토루에 근원을 둔 토지 예술의 예이고, 1970년과 1982년 사이에 지어졌다. 이 작품은 지금 천천히 자연 분해되고 있다.

이러한 정원의 배경은 다양한 요소로 받아들여진다. 정원 안의 물 요소에 대해 Claudio Tolomei는 이렇게 말했다.

"새로운 분수대들이 가장 나를 즐겁게 하는 점은 물을 돌리고, 이끌고, 나누고, 올리고 떨어지게 하는 여러 가지의 방식들이다."

16세기 로마의 분수대와 물과 관련된 장식품들은 400년이 흐른 현대 정원들과 풍경에 다양한 물의 특색들로 나타나고 있다. 지난 25년간 현대 정원과 풍경 디자이너들이 연출한 첨단기술의 물 공학은 아마 그 신비한 영향과 다양한 형태들로 Signore Tolomei를 현혹시킬 수 있을 것이다. 그는 공학과 컴퓨터 과학에 연결된 간단한 스위치를 올림으로써 생길 수 있는 인공적인 안개에 놀랄 것이다.

물은 역사적으로 실용적이고 미적인 즐거움을 제공하였다. 정원과 풍경에서는 물이 가장 변하기 쉬운 디자인 요소이고 가장 다루기 쉬운 요소이다. 물은 작은 개인 정원이든 큰 대중 정원이든 가장 부드럽기도 하고 가장 극적인 디자인의 부분이 될 수 있다.

》 이탈리아, Maggiore 호수
Isola Bella는 1630년도 count carlo Borromeo의해 건축되었다. 호수 안에 건축물을 또 다른 자연의 요소들을 나타내 주고 있다.

4. 정원 디자인

"디자인은 3차원적인 입체감이 있어야 한다. 사람들은 평면이 아니라 부피 안에서 산다." - Garrett Eckbo

현대 정원에서 우리는 다양한 디자인을 찾을 수 있다. 원근법과 직각을 사용한 것들이 있고, 대각선과 조각적인 것을 사용하거나 환경 친화적인 것에 바탕을 둔 것도 있다. 이렇게 다양한 디자인에서 형식적인 것과 기하학적인 것의 힘을 느낄 수 있다.

이탈리아 르네상스 시대 메디치 집안이 후원하던 훌륭한 건축가 Brunelleschi와 Alberti에 의해 원근법이 다시 사용되었을 때, 그것은 중심의 선이나 정원의 축을 구축하는데 주요 도구가 되었다. 플로렌스의 Boboli 정원이나 베르사유에서처럼 중심의 선은 보통 넓은 중앙의 소로였다. 이 중심의 선으로부터 다른 모든 요소들이 비례되었다. 가로지르는 소로, 정사각형이나 사각형의 꽃밭, 가로수길, 항아리, 그리고 분수대 등은 모두 흔한 요소들이었지만 역사적으로 평가를 받고 있다.

이탈리아의 Michelozzo와 프랑스의 Le Notre 같은 정원 디자이너들은 화가의 기교를 많이 익혔다. 이러한 기교를 통해 평평한 면을 삼차원적인 각도로 보이게 할 수 있었으며, 기하학적인 모양들은 정원 공간과 그 안의 물건들을 축소하여 나타내기 위해서 쓰였다.

직각의 공간과 스케일은 19세기 유럽과 미국에서 널리 쓰였다. 여기서 이 스타일은 Beaux-Arts라고 불리었다.

20세기에는 직각의 사용과 형식적인 공간, 모양에 관한 원리가 미국의 Daniel Urban Kilet나 스페인의 Fernando Caruncho 같은 디자이너들에 의해 새롭게 해석되었다. 그들의 작품 예들은 사례 연구 부분에 실려져 있다.

대각선을 사용한 정원 공간은 20세기에 유일한 것이다. 1930년대에 시작된 이 새로운 접근은 직각 배치와 완전히 반대이다.

19세기의 Beaux-Arts 스타일은 결과적으로 20세기 풍경 건축물의 새로운 형태에 영향을 주었다. 이 새로운 스타일은 큐비니즘과 Art Deco, Le Corbusier가 앞장선 현대 건축물의 인터네셔널 스타일의 영향과 Walter Gropius로 인해 구현된 Bauhaus 작품의 영향을 받았다.

Gropius는 1938년 하버드 대학 건축부의 회장이 되었다. 정원 풍경-건축부에는 그의 강의에 특별히 감동받은 세 명의 학생들이 있었다. Daniel Urban Kiley, James C. Rose, Garrett Eckbo이다. Rose와 Eckbo는 제2차 세계대전 이후 업계에 중요한 영향을 미치게 된다.

제2차 세계대전 전후로 다른 영향을 끼친 인물로는 캘리포니아의 Thomas Church와 영국의 Christopher Tunnard가 있다.

Eckbo는 인습 타파적이고 혁명적인 풍경 디자이너이다. 세계적인 풍경 건축가로 인정받는 그는 두 가지 혁신에 대해 찬사를 받는데, 풍경을 전통적인 중축성의 디자인과 Beaux-Arts의 형식으로부터 해방시킨 것과 대각선과 지그재그, 조각의 재발견이 그것이다. 이러한 공간과 스케일을 다루는 새로운 방법들은 Pablo Picasso, Theo Van Doesber, Mies van der Rohe, Wassily Kandinsky와 Naum Gabo로부터 영감을 받았다. 그들 작품의 영향으로 Eckbo는 그의 디자인에 추상적인 것을 사용하였다. 그는 1920년 파리의 큐비스트나 아트 데코 디자이너인 Gabriel Guevrekian과 Piere-Emile Legrain으로부터도 큰 영향을 받았으며, 특히 Legrain의 디자인은 Eckbo에게 공간과 스케일을 구축하는데 본보기가 되었다.

Eckbo는 풍경 건축에 관한 공간, 스케일의 관념과 조각과의 관계에 대해 논문을 쓰기도 했다. Eckbo는 벨에어의 개인 고객들을 위해 정원을 디자인하기는 했지만, 그의 진정한 목표는 미술과 사회적 가치를 통합하는데 있었다.

대공황이 끝날 무렵 그의 비전적인 프로젝트에는 이주 노동자들을 위한 공공주택이 포함되었다. 그는 자신의 작품에 대해 정원을 위한 환경의 배치라고 하였다. 그는 아마도 Bauhaus 이론 중 모든 미술의 사회적 의무에 관한 이론으로부터 영향을 받은 것 같다. 학생일 때 Eckbo는 공간 안의 작은 정원이라는 인쇄물을 출판했다. 이 인쇄물에는 평균적인 사각형으로 울타리 지어진 도시 정원의 18

가지 다른 배치들이 담겨 있었다. 이 배치들은 비스듬한 계획도, 테라스와 걷는 소로, 식물과 추상적인 아치 등 어느 정도 대각선의 사용을 보여준다.

Eckbo는 20세기 초의 미술로부터 영감을 얻었다. 아마도 이 점이 그의 디자인의 지속적인 연관성을 설명하는 것 같다. 이 시기의 미술이 오늘날의 미술을 지배한다.

1993년 Eckbo는 1937년에 자신이 디자인한 작은 정원 모델에 다시 준비한 논평을 발표하였다.

–정원은 사람들이 실외에서 사는 공간이다.
–정원은 기쁨과 유쾌함, 환상과 공상, 상상과 모험의 집이어야 한다.
–디자인은 중축성이 아닌 지역성이어야 한다.
–디자인은 정지하지 않고 활동적이어야 한다.

》 미국, 뉴욕
이스라엘 병원의 정원 디자인, 강가를 끼고 있는 현대 정원은 기능에 따라 디자인도 계획되어야 한다.

〉〉 미국, 캘리포니아
유니로열 타이어 회사 건물 주변에 건축된 정원 디자인. 이 공간은 대중이 함께할 수 있도록 설계되었다.

1960년대 말부터 1970년대 초에 나타난 환경보호에 관한 의식은 20세기 말의 정원 디자인과 풍경에 중요한 영향을 주었다.

환경보호 프로젝트는 스케일이 제한된 장소의 고유적인 식물과 나무에 의해 결정된다. 장소가 환경에 대해 반응할 수 있는 능력은 모든 풍경 건축가들과 디자이너들의 기본적인 실력의 바탕이 되었다.

Ian McHarg는 풍경 디자인의 생태학에 관한 주제를 다루는 부분을 이끌었다. 그는 1954년부터 펜실베이니아 대학에서 풍경 건축을 가르쳐 왔다. 생태 계획으로 불리는 그의 강의는 전 세계적으로 생태 계획 움직임의 기초를 제공하기도 했다.

Noguchi는 일본계 미국인 조각가였다. 파리에 유학하면서 그는 Constantin Brancusi와 함께 일을 하였다. Noguchi의 풍경 작품의 공간과 스케일은 서양적인 아이디어와 동양적인 미의 혼합체이다.

Noguchi의 마지막 작품은 캘리포니아 시나리오라고 불린다. 이것은 캘리포니아, 로스엔젤레스 남쪽 Costa Mesa의 어떤 오피스 빌딩 안 플라자에 위치하며, 디자인은 Sierra Nevada와 Cascade 산맥을 넘어 황금주(캘리포니아)로 발걸음을 옮긴 초기 정착민들의 이미지로부터 영감을 받았다.

Noguchi는 그 경험으로써 (디자인을)추출하였고 그 실체를 전달하였다. 물은 금을 가공하는 용도로 쓰인 각진 수문을 통해 꼬불꼬불하게 흘러내린다. 각진 마당엔 풀과 꽃들이 심어져 있고 이것은 산의 나무들과 접경해 있다.

그리고 모래와 자갈로 된 작은 언덕에는 선인장들이 심어져 있다. 이곳의 스테인리스스틸로 된 두 개의 분수대는 20세기 기계화의 암시이다. 이러한 배치의 공간과 스케일은 오늘날의 풍경 건축가들과 디자이너들에게 지속적인 영감으로 주고 있다. 그리고 정원 디자인은 역사의 꼬리를 물고 아름다움을 창조하고 있다.

〉〉 미국, 샌프란시스코

Dichondra miscantha의 정원 디자인. 유리와 백색의 네온을 설치한 공간은 마치 미래 세계를 보는 듯 연출되었다.

>> 스페인, 바로셀로나
Barcelona Botanic 정원은 Bet Figueras가 디자인했다.
37에이커 규모에 자연과 현대, 그리고 미래 공간을 연출했다.

05 공원(Park)의 분류

1. 도심의 공원 (City park)

도시 안에서 자연을 느낄 수 있는 곳, 휴식을 취할 수 있는 곳, 즐거움과 재미가 있고 이벤트가 있는 곳, 그리고 만남이 있는 곳이 바로 공원이다. 도시 속에서 공원의 역할은 매우 중요하다.

자연을 끌어들인 공원이 없는 도시는 물 없는 사막과도 같다. 도시인들은 대부분 주말이 되면 숨을 깊게 들이마실 아름다운 자연이 있는 교외로 떠나려고 한다. 공해, 갇혀진 생활, 콘크리트 빌딩 등에서 잠시나마 탈출하고 싶고, 휴식 공간은 없고 복잡한 주변 환경만 있는 곳에서 떠나려고 주말을 기다리기도 한다. 이렇게 도시의 삶 속에서 공원은 중요하다.

외국에서는 때와 장소를 가리지 않고 잔디, 혹은 특별한 장소의 공간에 누워 있는 것을 보게 된다. 낮잠을 자는 사람, 혹은 하늘을 보고 있는 사람, 자연을 만끽이라도 하듯 인공 자연에 흠뻑 취해 있는 사람, 이러한 풍경이 우리들에게 꿈과 희망, 그리고 내일을 생각하게 한다.

도시 속의 바쁜 생활, 복잡한 환경, 콩나물 시루와 같은 인파 등이 익숙한 것이 될 수도 있겠지만, 반면 짜증스러운 것이 될 수도 있다. 그리고 자연을 허물고 도시가 형성되었기 때문에 시민들은 자연을 그리워한다. 그래서 도시계획 디자인을 할 때는 인공 자연을 끌어들이게 된다. 여기에서 인공 자연의 일부가 공원이다.

〉〉 스페인, 바로셀로나
도심 속의 공원은 1992년도 올림픽대회를 기념하기 위해 만들어 졌다. 올림픽 상징 마크 형태인 원형에 도자기 재료로 디자인된 계단식 공원이다.

도시 안에 자연을 그대로 끌어들일 수는 없고, 또 그렇게 되면 도시가 지니고 있는 기능이 없어진다. 도시에는 많은 일자리를 제공하는 빌딩 숲, 생활의 활력을 불어 넣어 주는 백화점, 상점, 점포, 볼거리와 이벤트가 있는 특수한 거리, 그리고 휴식과 자연을 제공해 주는 공원이 있다. 도시 안에서 공원의 비중은 매우 높다고 볼 수 있다. 만일 공원이 없다면 우리는 삭막한 도시 속 삶을 살아갈 것이다.

전 세계적으로 공원의 역사는 짧다. 그것은 산업혁명 이후 시작되었기 때문이다. 산업혁명 이후 인구의 팽창으로 도시 역시 팽창되어 많은 건축가들은 앞다투

1. 미국, 글렌데일

버드고 공원은 스케이트 보드, 놀이 공간, 가족 파티를 할 수 있는 다양한 공간으로 주민에게 생활의 에너지를 제공하고 있다.

2. 미국, 캘리포니아

브럭사이드 공원에는 어린이부터 어른에 이르기까지 다양하게 즐길 수 있는 프로그램과 놀이시설물들이 설치되어 있다.

3, 4. 미국, 로스앤젤레스

에코 팍 안에서는 보트를 탈 수 있으며, 지역 주민을 위한 다양한 프로그램으로 모두에게 즐거움을 주는 기능을 가지고 있다.

1. 서울, 한강시민공원

   잔디에서는 주로 축구, 족구, 배구, 농구 등 단체경기를 하고 있다. 이러한 경기를 하려면 시의 허가를 받아야 한다.

2. 한국, 서울

   종로 탑골공원은 주로 어른들이 모이는 혹은 이용하는 공원이다, 어른이다보니 피곤을 느낀다. 보기에 나빠 보이기는 하지만 때에 따라 우리 문화이기도 하다.

3. 서울, 여의도

   여의도에 자연을 끌어들인 공원

   넓은 면적에 자연의 우리 문화 공원으로도 가능하지만, 주제가 있는 공원으로 기획된다면 세계 속의 공원으로 거듭날 수 있다.

어 공원의 공간을 도시 안에 계획하였고, 공원 기능과 자연, 쉼터, 자연보호 등의 의미가 시대에 따라 변화하면서 오늘에 이르렀다. 여기에서 공원은 도시 안에서의 일반적인 공원으로, 비교적 넓은 공간 안에서 많은 사람들이 휴식을 취할 수 있는 공간을 의미한다.

우리나라도 이제는 우리만의 공원을 디자인하고, 우리만이 할 수 있는 특징적이고 상징성 있는 공원을 만들어가야만 한다. 그러기 위해서는 많은 연구와 노력, 그리고 실패를 거듭해야 한다.

이 책에서 사례로 제시하는 세계 유명한 공원들과 같이 경제적 효과를 얻기 위해서도 자연 공원의 확대와 우리만의 새로운 공원 디자인이 기획되어야 한다.

신도시를 계획할 때 자연은 조금만 허물고 자연 공원 공간을 확보하여야 한다.

공원은 적은 면적으로 다양한 기능과 이벤트 공간으로 모든 사람들에게 만족과

〉〉 미국, 얼바인
얼바인 공원은 오래된 나무가 그늘을 만들어 주고 있어 더욱더 자연적인 공원 환경을 유도하고 있다.

1. 미국, 샌프란시스코

   잔디 중앙에 심벌릭 나무가 있다. 복잡한 도시에 이러한 자연 공간만 있어도 주민들은 행복하다.

2. 서울, 화도진 공원

   공원의 의미는 제일 먼저 어느 정도 규모가 있는, 그리고 면적이 있어야 한다. 작은 규모의 면적을 가진 공간은 따로 분리되어야 한다. 왜냐하면 큰 공원과 혼동을 주기 때문이다.

3. 미국, 로스앤젤레스

   윌리엄 뮤홀랜드 공간에 분수대는 1년 내내 낮 시간에만 가동이 된다. 특별한 시설이 없고, 잔디만 있는 곳은 분위기가 조용하고 여유롭다.

4. 미국, 라카나다 공원

   넓은 잔디 공간은 단순하면서 많은 기능을 유도하는 공간이다. 각 지역 생활 패턴에 따라 사용의 범위도 달라진다.

1. 미국, 캘리포니아
   홀리데이 공원. 공원은 주로 그 지역에 사는 주민이 이용한다. 아주 잘사는 지역에는 공원이 없거나 많이 설치되어 있지 않다. 못사는 지역에 많은 공원은 곧 자유의 평등이다.
2. 미국, 파세데나
   로즈볼 공원 주변에는 풋볼경기를 하는 로즈볼, 골프장 등이 있다. 시민들이 많이 이용하는 공간이다. 좋은 도심의 환경 평가는 공원이 얼마나 있느냐부터 시작된다.
3. 오랜지그로브 공원. 규모가 작아 어린 어린이들이 많이 이용하는 공간이다.
4. 파세데나 지역에 마련된 작은 공간은 고령층이 모여 여가를 즐기는 공원이다.

》 미국, 산타페 스프링
헤러터지 공원
이곳은 철도의 출발지를 기념하기 위한 주제 공원으로 기차와 역전의 모습으로 설계되어 있고, 현재는 대중 공원으로 이용되며 역사적 분위기를 지니고 있다. 결혼 사진을 이곳에서 촬영하는 장소로 유명하다. 공원의 기능은 주제에 따라 이용자의 유형이 결정되기도 한다.

〉〉 미국, 샌디에이고

전원, 자연의 도시 샌디에이고 지역은 바다를 끼고 있는 도시로 평화로운 분위기를 언제나 제공 된다. 좋은 공원은 관광객도 유치할 수 있다. 또한, 주민들에게 이 지역에 살고 있다는 자부심도 갖게 해 준다.

❶

❷

❸

1,2. 미국, 패사디나
메모리얼 공원에서는 작은 공연을 한다.
야외 공간은 큰 이벤트가 없어도 마음을 즐겁게 해준다.

3. 센트럴 공원.

공원 입구에 사인 구조물은 도시에 따라 통일감 있게 디자인되며, 공원은 이곳을 찾는 사람들에 의해 새로운 기능을 만들어 가기도 한다.
공원은 특정한 기념을 하기 위해 설립되기도 하고, 혹은 지역 유지가 기부하기도 한다. 공원은 그 지역에 살고 있는 시민들이 만들어 가야 한다.

1. 미국, 샌디에이고

도심 공원 안에서 작은 연못을 만들어 분위기를 한층 더 높여주고 있다.

2. 미국, 로스앤젤레스

버려진 공터에 공원이 들어섰다. 공원 안에는 많은 규제와 규범이 있어 이 법을 준수해야만 한다.

3. 미국, 로스앤젤레스

맥아더 공원은 규모가 큰 인공 호수와 여러 종류의 휴식 공간, 스포츠 공간이 함께 어우러져 있다. 하지만, 주로 스페인계 사람들이 살고 있는 타운으로 마약 거래 등 우범지역으로 알려져 있어 타인이 이곳에서 휴식을 보내기는 꺼려하고 있다. 좋은 공원도 어느 부류의 사람들이 사용하느냐에 따라 기능을 상실할 수 있다.

》 미국, 샌디에이고
파워하우스 공원. 바닷가 부근의 공원에는 해변가의 잔디 공간이 포함된다. 비치볼, 물놀이 등 다양하고 광범위한 기능과 즐거움이 이곳에서 이루어진다.

행복을 동시에 제공해 줄 수 있다. 따라서 도시에 녹지대 확보의 일환으로 공원을 개발하는 것은 경제적일 수 있다. 그러므로 도시에서의 공원은 필수적이며, 지금보다 면적을 더 넓히고 공간을 충분히 확보해야 한다.

미래에는 도시환경디자인 속의 공원이 도시를 살릴 수 있다.

도시 속의 공원은 기본적으로 자연을 끌어들이고, 화려한 공간 계획보다는 경제성 있고, 즐겁고, 편안하고, 그리고 지역 주민에게 자연 사랑, 직업 창출, 즐거운 일터 등의 생활 기반을 만들어 준다. 그리고 지역의 자부심을 느낄 수 있도록 조성, 계획되면 좋은 공원이 될 수 있다.

공원의 확보는 도시를 새로운 이미지로 개선시킬 수 있고, 도시의 경제력을 강화시킬 수 있으며, 삶의 에너지를 충족시켜 준다. 또한, 자연의 고마움을 느끼게 하고, 사람들을 끌어들이는데 중요한 역할을 한다.

1. 미국, 파세데나
센트럴 공원은 어린 층부터 노인층까지 공유한다. 이러한 유형의 공원은 지역 모두를 위해 계획되어져야 한다.

2. 미국, 글렌데일
초등학교 옆의 건축된 패시픽 공원 디자인. 같은 예산을 들여서 건축된 공원은 많은 비교가 된다. 이 공원은 디자인이 아주 잘된 사례로 남고 있다.

3. 미국, 로스앤젤레스
버드고 공원 안에는 다양한 시설물이 설치되어 있다. 주말에는 가족 모임, 생일파티 등 다양한 행사를 할 수 있고, 잔디에서는 여러 가지 놀이를 즐길 수 있다.

4,5. 미국, 캘리포니아, 파세데나
도시의 공원은 비슷하지만, 기능은 다르다. 또한 좋은 공원과 나쁜 공원의 차이는 그 지역에 사는 사람들의 차이가 있을 뿐 공원 설계는 모두 균등하게 이루어진다.

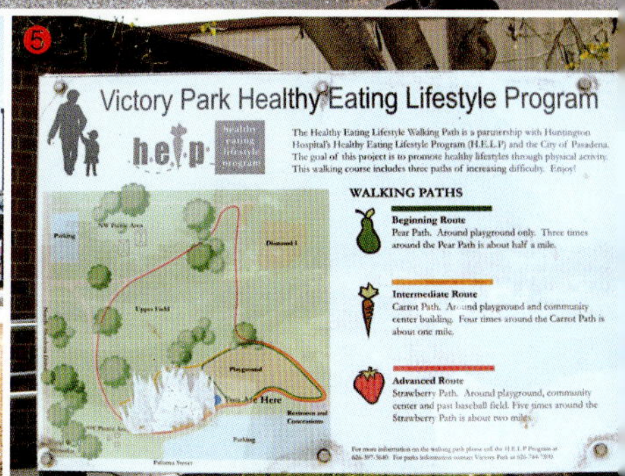

또한, 새롭게 계획하는 신도시일 경우 공원과 녹지대를 최우선으로 충분히 확보해야 미래의 비전 있는 도시로 자리 잡을 수 있다.

아직까지도 공원, 휴식 공간에 필요한 시설물 설치나 디자인은 만족스럽지 못하다. 대부분의 디자인들은 사람을 위한 디자인이 아니라 의무적으로, 전시 효과를 위해, 지역 단체장의 선심으로 기획되어져 있다. 또한 비전문가가 아무 곳이나 계획 없이 설치해 공원 혹은 휴식 공간으로서의 기능을 하고 있지 못하다.

잘못 계획된 공원에서는 휴식을 취하기보다는 스트레스만을 받을 수 있고, 범죄의 공간 등으로 사용될 수 있다.

그리고 잘 기획된 좋은 공원이라 할지라도 철저히 관리하지 않는다면 지역의 흉물로 바뀌고 안전사고도 초래할 수 있다.

》 미국, 이글락
도심 안에 마련된 개를 위한 공원 안에서는 사람도 친구를 만들고, 연인도 만나게 되는 공간이다.

2. 포켓공원 (Poket Park)

포켓공원은 대도시의 크고 작은 거리 주변에 설치, 계획되는 규모가 작은 주민의 휴식 공간을 의미한다. 이 공원은 우리가 일상생활에서 꼭 필요로 하는 필수품 등을 넣어 간직하고 다니는 주머니와 같은 용도와 기능에 착안하여 포켓공원이라 한다.

도시의 거리에는 정부 소유의 쓸모없이 버려진 크고 작은 자투리땅들이 산재해 있다. 거리 주변에 쓸모없는 땅들을 어떻게 하면 효과적으로 도시 환경을 살리고 도시민에게 유용한 공간으로 사용하게 할 수 있을까에 착안한 의도에서 공간 디자인이 시작되기도 하였다. 자투리땅의 작은 공원 디자인으로의 전환은 주변 환경과 조화를 시켜 설계되고 건설되었다.

이 포켓공원은 주민 공간의 확대로 많은 호응을 얻게 되었고, 비록 작은 공간이

〉〉 미국, 샌디에이고
씨그로브 공원은 포켓공원에 포함된다. 대로변에 세워진 공원은 규모가 작지만 도시민에게 최대의 휴식 공간이 되고 있다.

〉〉 미국, 로스앤젤레스 카르 포켓공원. 포켓공원은 규모가 작아 많은 기능이 없지만, 잘 정리된 잔디만 있어도 포켓공원의 기능을 할 수 있다.

라 할지라도 도시의 기능면에서도 쾌적한 공간 창출이라는 새롭고도 획기적인 도시 발전 계획으로 자리 잡게 되었다.

호응이 좋은 만큼 규모를 확대해 거리 주변에 재건축이 발생할 경우 대중이 사용할 수 있는 공간을 제공해야 하는 법규도 강화되기 시작하였다.

서울의 강남 포스코빌딩 앞 광장, 시청 삼성빌딩 앞 공간처럼 현대 도시 거리에는 더욱 많은 공간을 확보해야 한다는 도시계획이 활발히 전개되고 있다.

날이 갈수록 정부의 법규는 강화되는 추세다. 정부는 건물주에게 층수를 높여주는 정책을 감안해서라도 거리의 공간을 확보해야 도시를 살릴 수 있다는 의미에서 법규를 강화하고 수정안을 적극적으로 시행하고 있다.

작은 공간의 개발이 도시를 살리게 되고, 도시 지역에서 살고 있는 주민은 더 낳은 공간들을 이용할 수 있게 된다. 여기서 무엇보다 중요한 것은, 도시는 정부가 앞장서서 가꾸어야 하는 것이기도 하지만, 주민의 공간은 주민 스스로 만들어가야 한다는 것이다. 우리는 이러한 원칙을 소홀히 해서는 안 된다.

빌딩 숲인 도시 공간 안에서는 자연을 그리워하고 자연을 찾고 싶은 욕망이 더욱더 커지게 된다. 그래서 도심 안에 잔디가 있으면 모두 그곳에 눕고 싶은 마음의 충동을 느끼게 된다.

1. 미국, 로스앤젤레스

   박물관 주변의 포켓공원. 작은 포켓공원이 짜증스러운 도심 환경에 오아시스 역할을 해준다. 자연 속에서 사람과 사람 사이 행복을 느끼게 해준다.

2. 프랑스, 파리

   흙바닥에 나무와 벤치로 구성되어 있지만, 이 지역에 사는 사람들에게는 소중한 공간이다. 화려한 상점과 콘크리트 건물만 있는 곳에 푸르름이 있다는 자체로 내일을 생각하며 살고 있다.

3. 미국, 글렌데일

   아담스 광장 포켓공원. 지역의 특성을 살려 설계된 공원이기 때문에 주민들은 만족해 한다.

4. 프랑스, 파리

   지역의 위인 조각품 설치를 한 포켓공원. 작은 공간이지만 품격 있게 설계되었다.

》 프랑스, 파리
상징성의 조각품과 조경, 그리고 원형 계단이 벤치 기능을 가지고 있다.

》 영국, 런던
도심에 크고 작은 공원들이 있는데, 작은 포켓공원도 이름을 붙여서 길을 찾는데 도움을 주는 계획을 세워야 한다.

포켓공원은 규모가 작은 관계로 많은 기능과 시설물 설치가 불가능하다. 그래서 이 공간 안에는 나무 한 그루를 심는 계획부터 시작된다. 나무와 꽃, 그리고 잘 디자인된 벤치 하나가 우리의 마음을 편안하게 해주는 안식처가 되어 준다. 더욱 화려하고 호화스러운 공간이면 좋겠지만 포켓공원 디자인은 특성 있고, 독특하며 편안하고, 주변 환경과 조화를 이루고, 안전한 공간으로 계획되어야 한다.

도심 거리에는 꼭 포켓공원이 필요하다. 이 공간을 이용하는 사람들은 그 지역에 살고 있는 지역 주민이 우선이지만 도시를 찾는 모든 사람, 주변의 직장인들, 특히 노약자의 공간으로도 많이 제공되고 있다. 공원 디자인을 할 때 어떠한 사

〉〉 미국, 시카고
빌딩 숲인 도심에는 자연의 나무로 인해 쾌적한 공간이 만들어진다. 잘 정리되고 특징적인 조경 디자인으로 이루어진 작은 포켓공원은 도심에서 꼭 필요하다.

〉〉 프랑스, 파리
잘 정돈된 포켓공원에서 주민들은 자기가 살고 있는 지역에 자부심을 느낀다.

〉〉 프랑스, 파리
도심의 작은 공간이지만 남을 의식하지 않고 일광욕을 즐기고 있다.

〉〉 미국, 로스앤젤레스
뮤지움과 아파트가 밀집한 공간에 물을 이용한 휴식 공간이 제공되고 있다. 단순한 디자인이지만 생활에 활력소 역할과 자연의 소중함을 함께 생각할 수 있는 공간이다.

람들이 이용을 할 수 있나를 꼼꼼히 따져보아야 하는 것도 잊어서는 안 된다.

공간의 기능을 적절히 살리면 쾌적한 도시가 되고 모두가 만족하는 공간으로 사용되겠지만, 그렇지 못하면 우범지역의 공간으로 바뀔 수도 있다. 그리고 관리를 철저히 함은 물론 밤시간에는 밝은 환경을 만들어 주어야 한다.

규모가 작다고 조경으로만 디자인되면 좋은 휴식 공간이 될 수 없다. 왜냐하면 휴식 공간의 의미를 지니려면 자연을 느끼고 휴식을 취할 수 있는 구조물, 시대의 변화에 맞는 이벤트가 있어야 되기 때문이다.

한 도시에 우리나라처럼 똑같은 공간과 구조물만 설치하면 주민에게 오히려 외

1. 미국, 파세데나

상업 건물이 밀집된 공간에는 벤치와 나무, 그리고 옛날 이곳에서 오일이 발굴되어 상징적 모뉴멘트를 연출한 사례이다.

2. 미국, 글렌데일

글렌데일 시에서 건축한 포켓공원 디자인. 상업 건물 주변에 포켓공원이 도시를 살리고 이정표 역할도 한다. 이곳에서는 휴식은 물론 자연과 현대 미술을 즐기는 장소로도 유명하다.

면받는 공간으로 전락하며, 이곳을 찾는 사람들에게 좋지 않은 인상을 줄 수 있다. 좋은 공간은 많은 사람이 자연스럽게 모이게 된다.

》 미국, 로스앤젤레스
도심 중앙에 작은 공간을 큰 기능의 포켓공원으로 바꾸었다.
지하는 주차장, 지상은 모뉴멘트, 구조물, 분수대 등이 잘 조화된 공간으로 디자인되었다.

3. 미니공원 (Mini Park)

미니공원은 대부분 도심안 주거 지역에 작은 규모로 계획, 설치되는 것을 의미한다. 미니공원 안에 설치되는 대상물에는 놀이 시설물, 휴식을 취할 수 있는 각종 유형의 시설물, 그늘을 제공하는 미관 추구의 나무와 조경, 그리고 외적으로는 거리 가구 등이 있다.

또한, 공원 계획과 설계 전에 누가 디자인을 하느냐에 따라 좋은 휴식 공간이 될 수 있고 주민을 위한 공간이 될 수 있다.

언제나 공원은 도시 속에 존재하며, 그 지역에서 살고 있는 주민을 위한 공간이 되어야 한다. 왜냐하면 공원의 이용자는 대부분 그 지역 주민이기 때문이다.

〉〉 미국, 샌디에이고
바다를 끼고 미니공원이 설계되었다. 몇 개 안 되는 벤치에서 낮잠도 즐긴다.

1. 미국, 글렌데일

이 지역에도 크고 작은 대중 공간이 있다. 작은 미니공원 디자인일지라도 특성과 환경을 고려해 각각 다른 디자인을 추구하고 있다. 모든 사람의 얼굴이 다르듯이 공원 디자인도 다양한 얼굴을 하고 있다.

2. 미국, 로스앤젤레스

윈드서 미니공원 디자인. 주부들이 어린이와 함께 하는 공간이다. 이 지역은 신혼부부가 많이 거주하기 때문에 공원 디자인도 주변 환경과 부합되게 설계되었다.

그러므로 공원의 주제는 그 지역이 지니고 있는 특성과 역사, 그리고 생활의 조건 등 다양하고 광범위하게 조사한 후 계획되는 것이 좋다. 아무리 작은 공원이라 할지라도 신중을 기하고, 특히 전문가의 참여가 꼭 이루어져야 한다. 적은 예산을 핑계로 한 시공회사의 마구잡이식 설치보다는 공터로 남겨두어 그 지역의 어린이들이 스스로 놀이 공간을 만들고 이용하는 것이 좋은 결과가 될 수도 있다.

〉〉 미국, 캘리포니아
이글락 미니공원 디자인. 유아 놀이 공간 시설물에는 관리가 철저히 이루어져야 한다. 그리고 색채도 너무 난해하게 도입하면 안 된다.

공원은 도심에서만 대부분 적용이 된다. 왜냐하면 도시가 아닌 시골에는 모든 공간이 자연과 자연 요소로 형성되어 있고, 이용자가 적고, 복잡하지가 않아 공원의 필요성이 없을 수 있기 때문이다. 그러나 레크레이션 센터나 놀이기구의 설치는 예외가 될 수 있다.

공원이란 말은 한자어로 일본의 영향을 받아 쓰이고 있고, 그 이외의 용어로는 레크레이션(Recreation), 플레이그라운드(Playground) 등이 있다. 이것은 내용과 의미가 모두 같은 말로 영국, 미국에서 만들어지고 불리는 용어로 지금까지도 영어 이름으로 불리고 있다.

공원의 크기에 관계없이 현대 사회에서 공원은 갈수록 복잡하고 짜증나는 도심 사회와 자연이 없어 황폐해지는 도시 환경을 막자는 의미로 해석되어야 한다.

또한, 미래의 도시로 만들어가고, 삶의 질과 환경을 바꾸어 한층 쾌적한 공간으로 만들어야 하는 현실에 대한 대안책이라 할 수 있다.

공원은 도시민을 위한 공간으로 자연환경으로의 접근, 생활의 변화, 에너지 축

》 미국, 글렌데일
카르 미니공원. 주말에 많이 이용된다. 공원은 규모, 위치에 따라 주민의 이용도가 결정된다. 이 지역은 도심의 미관을 살리기 위해 도심에 사용하지 않는 정부 부지에 공원을 만든다.

적 등을 위해 시작되었다. 그렇기 때문에 도시 안에는 크고 작은 공원이 있다. 여기에서 미니공원은 도시 안에서의 제일 작은 공원을 말하며, 또한 미니공원은 주거 지역 안에 설치, 계획되는 것이 특징적이다.

포켓공원은 크고 작은 도로 주변에 설치되지만, 미니공원은 주거 지역 안에 작은 어린아이들을 위해 마련되는 공간으로 시설물이나 놀이 공간이 연령층에 맞게 설계되어야 하는 제한을 받고 있다.

미니공원은 주로 젊은 부부가 살고 있는 주거 공간, 아파트 단지, 유치원, 초등학교 부근 등에 계획되는 것이 바람직하다.

4. 주제공원 (Theme Park)

우리나라는 공원의 역사가 짧다. 처음 개최해 본 올림픽이라는 세계적 국제 행사를 계기로 서울에도 이를 기념하기 위해 올림픽공원이라는 공간이 도시에 탄생하였다. 그 당시 그곳은 소풍도 가고 관광도 하는 곳으로 사용되었다. 주민이 이용하는 공원이 아닌 도시의 명소로 자리 잡은 것이다.

그 이전에는 덕수궁, 비원, 창덕궁 같은 고궁에서 데이트를 하거나 혹은 지방 사람들에게 유일한 관광지로서의 기능을 한 것이 전부이다.

지금도 경제 11위라고는 하지만, 주 중에 일을 열심히 하고 쉬는 주말 시간 혹은 시간이 남아 쉴 곳을 찾으려면 마땅한 곳이 없다. 서울 청계천의 경우는 개방

〉〉 미국, 캘리포니아

데스칸소 가든은 어린이들을 위한 자연학습 공간으로도 잘 알려져 있다.

이곳은 더운 날씨 지역인데도 4계절이 있는 곳으로 150에이커의 규모 안에 자연의 소리가 들리는 곳이다. 데스칸소는 1500년에 모든 사람들이 이곳에 정착하면서부터 시작되었고, 많은 노력과 발전을 거듭하면서 오늘의 모습을 나타내고 있다.

〉〉 프랑스, 파리
나폴레옹 시대 도시 중앙에 거대한 주제공원 건축이 이루어졌다. 파리 도심 안 십자로 형식의 대로에만 나무와 가로수가 심어져 있고, 그 외에는 모두 빌딩 숲으로 건축계획이 되어 있다. 건물 고도 제안도 하고 있다. 공원은 장관이며 나라를 대표하는 공간이다.

공간에 속한다. 부분적으로 포켓공원의 기능을 하는 곳도 있지만 전체적 공간의 의미는 간단한 음식을 가지고 휴식을 즐기거나 데이트 또는 기념촬영을 할 수도 있고, 때가 되면 이벤트도 하는 곳이다. 그런데 우리들은 계층마다 다르겠지만 술 마시고 극장, 노래방 등 모두 유료로 돈을 내야만 하루를 즐길 수 있는 형편이다.

돈을 들이지 않고 휴식을 취하고, 즐겁게 놀고, 편히 만나는 유료 공간과 같은 기능을 가진 곳은 없을까? 안타깝게도 이러한 공간은 우리가 살고 있는 주변에서 거의 찾아볼 수가 없다. 여전히 대중의 공간은 빈약하기만 하다.

외국의 경우도 국가에서 모두 이러한 공간을 만들고 계획하기란 그리 쉬운 일은 아니다. 그래서 그 지역에 살고 있는 돈 많은 유지들이 이러한 공간을 대신 만

›› 미국, 로스앤젤레스
LA박물관 주변의 공원 디자인. 옛날에 코끼리가 이곳에 살았고 또한 이곳에는 석유가 나오는 곳이었다. 어느날 석유가 분출하면서 모든 동물들이 죽었다는 의미를 되살리기 위해 만들어진 주제 공간이다.

들기도 하고, 관직에서 물러나면서 기념하기 위해 사재를 털어 만들기도 한다.

미국의 공원을 보면 기념비가 세워진 것을 볼 수 있다. 그것은 개인이 자기가 살고 있는 지역에 환원의 성격으로 공원을 만든 것이다.

우리나라의 경우 그런 마음을 가지고 후세에게, 그리고 우리가 살고 있는 주민에게 무엇을 줄까를 생각하는 사람은 거의 없다고 보아도 과언은 아니다.

미국 같은 경우 대통령부터 퇴임 후 사재 혹은 모금을 통해 자기를 알리려고만 하는 기념관보다는 교육적인 박물관 형식의 주제가 있는 공간과 실외 휴식 공간을 만들어가고 있다.

주제공원의 건설은 큰 규모로 주제가 있거나 기념 사업, 환원 사업, 그리고 그 지역에서 살고 있는 주민들의 필요에 의해 만들고 계획하게 된다.

주제공원은 주민 혹은 타 지역에 살고 있는 모든 사람들도 찾아올 수 있을 정도의 볼거리와 휴식, 즐거움과 다양한 기능이 함께 이루어질 수 있어야 그 기능을 다할 수 있다.

예 : 우리는 올림픽공원을 만들어 놓고 세계에서 최고의 공원이라고 한다. 그리고 세계적 작가들의 작품을 한 곳에 모았다고 자랑한다. 그러나 분명한 것은 세계에서 최고라고 해도 세계인이 찾아오지 않는다는 것이다. 모방성을 지닌 것보다는 순수한 우리 것이 강조되어야 하며, 예산을 많이 들여 외국 것을 끌어들이는 것보다는 조금 모자라도 우리의 기술력을 보여주는 것이 중요하다. 그리고 주민이 무엇을 원하는지가 반영되지 않으면 아무리 주제가 있더라도 만족할 수 없는 공원이 될 수 있다.

주제공원은 일반 공원과 달리 많은 볼거리를 즐길 수 있는 새로운 장, 각각의 주제가 있는 공간 등으로 조화롭게 연출되었을 때 주제가 있는 공원으로 성립된다.아무리 주제가 있다고 해도 같은 유형의 공원이 다른 곳에 있을 경우에는 주

›› 프랑스, 파리 베르사유 궁전 안

호수공원 안에서는 낚시, 보트놀이를 할 수 있다. 거대한 면적의 공원은 우거진 숲, 조각품 등 권력의 상징을 그대로 표현한 주제가 있는 공간이다.

〉〉 미국, 시카고

밀레미뉴움공원은 초현대적으로 설계되었고 젊은층이 많이 선호하고 이용하고 있다.
처음 계획 때는 많은 예산을 들여 주민들이 반대했지만 지금은 현대 영상 기법과 첨단이 어우러진 명소로 자리 잡고 있다.

〉〉 미국, 샌디에이고

자연 역사박물관 내에는 많은 주제가 있고, 지역과 지역 사이에는 휴식을 취할 수 있는 공간이 제공되고 있다. 규모가 큰 공원은 보행자의 동선을 잘 계획해서 복잡한 환경을 해결해야 한다.

》 미국, 캘리포니아 샌디에이고

샌디에이고 동물원(The world-Famous San Diego Zoo)은 1916년 Harry M. Wege forth에 의해 설계되었다. 바다를 낀 이곳은 기후, 공해가 없는 세계의 전원도시 휴양지로도 유명하다. 식물, 동물을 유치하기에는 최고 좋은 조건을 가지고 있는 것이 특징이다.

이곳은 대자연의 동식물, 꿈, 과학, 놀이, 자연의 소리가 있다. 4,500마리의 동물, 새, 70만 여 종류의 꽃과 나무가 있고, 면적은 1,800에이커로 세계 관광객이 자연을 함께 하고 교육하는 곳으로 유명하다.

제공원의 입지가 떨어질 수 있다.

기본적인 기능은 같지만 새롭고 창의적인, 이곳에만 있는 특별함이 있어야 주제공원으로서의 본분을 다할 수 있다.

대부분의 작은 일반 공원에도 주제를 정하고 건설되고는 있지만 규모가 작고, 공간의 주제는 없다. 일반 공원은 주로 단순한 휴식만을 제공하는 공간으로 대부분 계획된다.

주제공원의 특징은 규모 면에서 제일 차이가 많고, 특징적인 휴식 공간 제공, 더욱 많은 기능, 드라마틱한 스토리, 미래의 공간, 새로움, 창조적, 남녀노소 모

》 미국, 로스앤젤레스
게리 박물관 내 주제공원은 자연과 현대미술이 어우러진 작품이다. 주제가 있는 공간 안에서는 기념사진을 많이 촬영한다. 이곳이 그중 하나이다.

》 서울, 올림픽주제공원

두가 함께 즐길 수 있는 등 다양하고 특수한 연출 기획이 가능하다는 것이다.

대부분 주제공원에 가게 되면 볼거리가 많아 하루 종일 머무를 수도 있다. 그리고 그 안에서는 취사가 금지되며, 생일파티, 단체 모임, 행사 등을 제한 하는 것이 좋다. 이는 한층 쾌적한 환경을 모든 사람들에게 제공하기 위해서이다.

우리나라도 여러 형태의 휴식 공간을 광범위하게 확보하고, 개발하여 주민에게 좋은 환경 제공과 삶의 질을 향상시켜 주는 노력이 절실히 필요하다.

5. 국립공원 (National Park)

국립공원은 말 그대로 국가 차원에서 관리하고 운영하는 정부의 국책 사업이다. 나라를 대표하고 상징할 수 있는 공원의 규모는 나라별로 대부분 틀리겠지만, 규모가 크고 특별한 가치가 있는 곳을 선정해 관리하고 있다.

우리나라에도 설악산, 지리산 등 국립공원이 전국에 산재해 있다. 국립공원은 지역을 대표함은 물론, 세계적 명소 역할로 많은 경제적 효과도 얻을 수 있는 점이 특징이기도 하다.

국립공원이 기능을 제대로 발휘하고 세계적인 명소로 자리 잡으려면 각기 틀린 천연 자연의 특성을 살려 주변 환경 디자인, 교통 체계, 도로 상태, 상업적인 공간, 교육적인 공간, 가족적인 공간, 세계적인 공간(언어, 문화, 습관) 등을 잘 조화시켜 투자하고, 철저한 관리 계획이 이루어져야 한다. 그렇다면 우리나라의 대표적인 국립공원이라 할 수 있는 설악산, 한라산 등에는 세계인이 얼마나 올까?

우리의 국립공원 기능이 등산, 단풍놀이, 단체 모임, 먹을거리 제공 등이라고 할 때 세계인이 말하는 국립공원이라고 할 수 없다. 왜냐하면 이러한 기능을 가지고 있는 곳은 아무 곳이나 가도 있기 때문이다.

국립공원은 면적이 우선되는 것이 아니라 천연 자연이 지니고 있는 특성을 살려 계획되고 만들어져야 한다. 우선적으로 많은 투자를 해야 하고, 강한 법규를 적용시켜 관리 및 운영을 해야 하는 어려운 점도 있다. 투자 없는 국립공원은 폐허로 변하기 쉽다.

국립공원은 자연, 아름다움, 신의 조화로도 불릴 만큼 환상과 감탄의 순간을 맛볼 수 있는 곳이기도 하다. 또한, 제각기 틀린 모습과 빛을 발하는 곳으로, 지금까지도 유명한 곳은 관광객들이 끊이지 않는다. 사람들이 이곳을 다녀가서야 인생의 참 맛을 알고, 자신의 삶을 뒤돌아보고 반성하며 마음속에 교훈을 남긴다. 그리고 천연의 자태를 보고, 느끼고, 생각하고, 마음과 생활에 휴식을 줄 수

〉〉 미국, 애리조나
몬테주마 웰(Montezuma wall) 국립공원.
미국에서 인디언들이 마지막까지 살아남은 곳으로, 이 지역을 국립공원으로 지정하고 관리하고 있다.

있는 곳이 국립공원이기도 하다.

국립공원이라는 것은 발명품과도 같고, 또한 영혼, 보물, 그리고 역사이기도 하다. 광대하고 다양성을 지닌 국립공원들은 자연이 인간에게 준 선물이기도 하다.자연과 인간의 힘이 조화를 이루었을 때 공원은 더욱더 빛을 발할 수 있다.

다양한 공간들을 보호하는 야생의 저장소인 어떤 공원들은 100만 에이커에 달하는데, 그들이 지구에게 미치는 중요성은 유엔에 의해 World Heritage Sites(세계 전통 장소)와 Biosphere Reserves(생물권 예비)로 인정되고 있다.

공원 안에는 관리된 황무지가 야생의 영속을 제공한다. 그곳은 우리에게 희망과 추억, 그리고 땅 그대로를 느낄 수 있게 해준다. 그곳이 지속적으로 보호가 되는 한 이러한 것들은 계속 제공될 것이다.

〉〉 미국, 캘리포니아
레드락(Red Rock) 국립공원은 돌산으로 이루어져 붉은색을 띤다.

공원들이 법률에 제정된 사실이라 해도 구분된 경계선들을 가진 존재들, 기반 시설들, 행정부, 자연 역사 협회들, 그리고 그들의 보호를 위해 영원히 싸워 줄 헌신된 지지자들, 어느 공원도 완전히 보호되기에 충분히 크거나 고립되어 있지 않다. 공원 경계 주위의 공해를 일으키는 산업, 산성비, 생태계를 교란하는 이국의 동물과 식물류, 마구 뻗어진 교외 지역들과 그곳들이 만들어 내는 도로, 광산업, 벌채, 기름 추출들은 심각한 문제들이다. 똑같이 문제가 되는 점은 충분히 감시 대원을 조달하기 위하거나 자원을 보호하거나 필요한 유지비에 대한 만성적인 자금의 부족함이다. 명확히 구분된 국경들도 자주 문제가 된다.

특정한 요소들만을 보호하기 위한 법들은 장소에 대한 진정한 환경 경계 언급이 없어서 생태학적으로 중요한 땅들은 산업체 또는 도로 건설이나 불규칙한 다른 개발 등에 의해 피해당하기 쉽게 방치되어 있다.

〉〉 미국

국립공원 그랜드캐니언은 규모가 크다. 최근 새롭게 건축된 '스카이 웍'은 바닥이 투명유리로 제작되어 있어 아찔한 기분을 연출하고 있다. 현재 수많은 세계인들을 끌어들이고 있다.

미국의 사례, 옐로스톤

처음부터 국립공원들은 적당한 자금 조달에 힘써 왔다. 첫 6년 동안 옐로스톤은 아무 자금도 조달받지 못했다.

1916년의 《National Park Service》의 창간도 국회로부터 필요한 자금을 받는 데 별 도움이 되지 않았다.

"국회의 National Park Centennial Act가 (법)국립공원 창설 100주년인 2016년 이전에 국립공원 시스템을 확정하게 만들도록 디자인 했음에도 불구하고 충분한 자금 조달은 공원들의 복리보다 자원 개발을 더 중요시 하는 행정부로 인해 더 위협받았다."

국립공원 Centennial법의 목표들은 공원들의 관리 재고들을 없애고 자연적, 문화적인 공원의 자원들을 더 잘 보호하고 국회가 시스템 전체의 매년 6조 달러의 운영 부족액을 없앨 수 있도록 하는 것이다.

〉〉 미국, 세도나

Bell Rock Pathway는 종같이 생긴 붉은 돌산이 있는 곳이다. 이곳에는 붉은 돌이 많아 모든 건축물에 이용하고 있다.

국립공원들의 지원비를 다른 곳에 제공하는 것은 적절하지 않은 대처이다. 국립공원 단체 제1위의 역사가인 Dwight Pitcaithley 박사는 필자에게 이렇게 말했다.

"공원 단체가 관리하는 거대한 자연적, 역사적, 그리고 문화적인 자원을 보았을 때 공원에 지원비를 덜 지급하는 것은 시민의 입장에서 그다지 좋게 보이는 것이 아니다."

우리의 국립공원들은 삶과 건강을 우선시하는 미국의 기본 원칙에 뿌리를 두고 있다.

국립공원들은 우리의 가장 큰 교육적인 도구이다. 연구와 경이의 대상이며 아름다움과 즐거움을 느낄 수 있는 곳이다. 그들은 이 대륙의 모든 생명체들의 공동체를 제공한다. 그 대가로 그들은 우리에게 책임감을 요구한다. 공원들을 사랑하는 이들과 야생 공간의 필요성이 우리 국가의 건강·영적, 정신적, 실질적을 위한 것임을 인식하고 있는 이들은 감시인이 될 필요가 있고, 항상 공원의 상태를 파악하고 무슨 일이 잘못되었을 때 국회에 알릴 필요가 있다.

하지만, 이것도 항상 잘 되지 않는다. 1990년대 후반 옐로스톤 공원 관계자들은 공원을 찾는 많은 이들의 바람대로 국회에 설상차(말마차)들이 용납되지 않는다고 알렸다. 왜냐하면 설상차들은 공원의 자원과 가치를 악화시켰기 때문이다. 그들은 상당한 소음과 공해를 일으키고, 원시적인 계절의 깊은 고요함을 보존하는 대신 그것을 놀이터(국립공원을 둘러싼 숲에서 충분히 이용할 수 있는)로 바꿈으로써 야생의 삶을 방해했다. 10년간의 연구가 NPS의 결정에 바탕이 되었다.

우리의 공원들이 중요한 자연적(문화적, 역사적이기도 한) 공간들을 보호하기 위해 고안되었지만, 자연적인 공원들은 배경 밖에서 존재할 수 없다. 그들을 보호하기 위해서는 그 배경, 생태계도 보호되어야 한다.

대부분의 공원 방문객들은 산장이나 관광 안내소 등의 방문을 목적으로 운전을 하면서 자연에 노출된다.

〉〉 미국, 뉴 멕시코

카스베드카번(Carlsbad Caverns)

동굴 안의 관광객이 머물를 수 있는 14에이커의 공간. 콘크리트 바닥으로 조명 시스템, 철로 등이 설치되어 있다. 750피트의 엘레베이터 건축으로 되어 있지만 자연의 신비가 동굴 안에 그대로 남아 있다.

자이온캐니언, 그랜드캐니언, 아캐디아와 요세미티 같은 어떤 공원들은 훌륭한 버스 시스템을 개발해서 심각한 교통 문제를 줄이고 어느 정도의 도로 오염을 줄였다. 데날리에서는 교통이 주로 버스를 통해서 이루어진다. 이런 버스 시스템들은 사람들을 차에서 내리게 하고 오솔길로 이끌기에 성공적이다. 아직 몇 번 시도하지 못했지만 그 시도는 사람들로 하여금 더 많이 탐험하게 한다. 그 탐험하고 싶은, 경험하고 싶은 본능에 공원들의 미래가 달렸다.

미국이 옐로스톤을 처음으로 설립함으로써 국립공원을 창조해 낸 100년 후, 그것은 국제 사회에 세계유산협약(World Heritage Convention)이라는 아이디어를 제공했다.

이것은 참여하는 모든 나라들이 그들의 주요 장소들(자연적, 문화적)을 인류 유산으로 지정하고 보호하는 노력에 협심하기로 서약한 조약이다. 이것은 미국 국립공원의 단순한 아이디어가 세계에서 실시된 것이다.

〉〉 미국, 옐로스톤 국립공원

〉〉 미국

옐로스톤은 전 세계인이 한 번 가보고 싶은 곳으로 다른 국립공원과 차별을 두고 있다.
뜨거운 물이 주기적으로 분출하는 모습, 많은 온천, 1만 피트가 넘는 45개의 산봉우리, 호수, 거대한 폭포, 들소, 야생동물, 초원 등이 자연의 광대함을 느끼게 해준다. 1982년에 국립공원으로 제정되었으며, 세계의 국립공원들도 이시점에서부터 국립공원 명칭을 붙이기 시작했다.

〉〉 미국, 버진섬(Virgin Islands)

St.John 지역의 섬은 1956년도에 국립공원으로 제정되어 있다.

바닷속은 청색과 녹색의 조화와 화려한 색채로 그림 같다. 철저한 관리로, 오염이 없는 공간에서 자연의 순수함을 느끼고 가는 곳이다. 바다 공원의 면적은 5,650에이커를 지정해 놓고 있다.

오늘날까지 156개의 국가들이 이 조약에 서명을 했다. 다른 나라들로 하여금 그들의 장소들이 세계적으로 중요성을 가지고 있다는 자부심을 갖게 해주는 세계유산협약은 지구에 아주 큰 영향을 미쳤다.

세계 유산 장소는 우수한 자연적인(아니면 문화적인) 가치를 지닌 곳으로, 그 장소가 위치한 나라가 그 장소에 대한 주권을 가지고 보호한다. 여기서 주권이라는 단어가 효력이 있는 것이다. 유네스코의 지정이 미국 땅으로 인계된다는 두려움을 가지고 있는 이들은 규정을 잘못 이해하고 있는 것이다. 어떤 나라도 다른 나라의 땅에 대한 권한이 없다. 세계유산협회는 한 나라에서 추천한 곳들을 검토하고 지원과 자문을 제공한다. 문제의 나라의 겹침이 세계 유산 목록의 장소들을 위험에 놓을 수도 있지만, 세계유산협회는 어느 나라의 땅이든 법적인 관할이 없다.

2004년에는 세계 유산 목록이 114나라의 582 장소들을 포함했고, 그중 20개는 미국 내에 있다. 그리고 그중 14개는 국립공원이다. 대다수의 미국 세계 유산 장소들은 National Park Service로 인해 관리된다.

Biosphere Reserves(생물권 비축)는 유네스코의 인간과 생물관 프로그램에서 발전된 것으로 생물학적인 선도로 시작되었다. 여기서 연구자들은 지구의 여러가지 생물 군계들을 살펴보았고, 전 세계의 생태계를 어떻게 유지할 수 있는지 연구했다.

인간과 생물 관계 프로그램은 땅을 쓰는 이들과 자연 보호론자들이 자발적인 노력으로 생태계 다양성을 감소시키지 않고 세계의 자원들을 쓸 수 있는 방법들을 찾는데 보탬이 되기를 원했다. 이것은 교육과 연구를 자극시키고 유지할만한 발전 모델들을 만들기 위해서 실시되었다.

생물권 비축은 인간과 생물관 프로그램 테두리 안에 독특한 생물학적인 요소들로 국제적인 인정을 받은 생태계(지상적, 해안적)들이다.

국회는 미국 내의 생물권 비축을 창설하기 위한 법률을 통과시키지는 않았지만, 1970년대 중반에 미국과 러시아가 함께 생물 군계를 보호하기 위한 생물권 비축을 지정하기로 승인했다. 이것이 만약 정치적인 수단으로서 협력하는 분위

〉〉 미국, 캘리포니아

요세미티 국립공원은 세계적으로 많이 알려져 있다. 장엄한 반쪽의 돌산, 나무, 폭포 등이 자연의 아름다움을 더하고 있다. 계절에 따라 자연의 모습이 변화되고, 많은 관광 코스가 있어 자연의 신비를 한층 더 깊게 느낄 수 있다.

›› 캐나다, 로키(Rockies)

〉〉 캐나다, 로키(Rockies)

미국과 캐나다를 잇는 로키산맥 국립공원은 자연의 아름다움 그 자체이다. 로키산은 4계절이 있고 세계에서 2번째로 긴 산맥을 유지하고 있다. 길이는 1500km, 폭은 약 100km로 장관을 이루고 있다. 호수, 동식물이 함께 어울려진 이곳은 기차여행을 할 때 자연의 극치를 느낄 수 있다.

기를 세계에 보여주기 위해서라고 해도 지구에게 이롭기는 마찬가지다.

생물권 비축과 세계 유산 장소들의 공통점은 둘 다 세계에 큰 가치가 있는 장소들을 인정한다는 것이다. 국립공원들은 두 프로그램에 포함되어 있다. 생물권 비축 프로그램은 경계선이 있는 일정한 부분의 땅이(국립공원 같은) 아니라 경계선 넘어서의 땅까지 포함한다. 미국의 생물권 비축은 보통 지역 사회 안의 협력 관계에 있다.

〉〉 미국, 하와이 볼케이노 국립공원
화산이 폭발한 곳으로 지금도 화산의 불길은 계속되고 있다. 볼케이노 주변에 피어나는 꽃과 식물들은 아름답고 신선하다. 많은 사람들이 이곳으로 몰려든다.

켄터키 중의 맘모스 케이브 국립공원이 생물권 비축의 좋은 예이다. 자연 과학자들이, 광대한 지하 동굴 시스템이 지면 활동들로 인해 위험에 빠졌다는 것을 깨달았을 때, 공원은 지역 개발자들과 협력해서 지역 주민들이 환경을 위태롭게 하지 않으면서 생계를 유지할 수 있게끔 보장했다. 맘모스 케이브 국립공원은 세계 유산 장소로 1981년도에 생물권 비축으로 인정받았고 1996년도에 확정되었다.

세계 유산 장소나 생물권 비축(아니면 둘 다)인 국립공원을 방문할 때 필자는 특별한 장소, 흔하지 않은 장소에 도달한 기분이 든다. 필자는 항상 감동받고 이 특정한 장소의 어떤 특색들이 세계 중요성을 가지고 있는지 궁금해 한다. 이 모든 것은 야생의 땅을 보호하기 위한 중요한 내용이다.

두 개의 미국 공원들, Wrangell St. Elias 국립공원과 Preserve, 그리고 알래스카의 Gracier Bay 국립공원과 Preserve과 근접한 캐나다 유콘의 Kluane 국립공원과 Reserve, 그리고 British Columbia의 Tatshenshini 민다

〉〉 미국, 캘리포니아

데스벨리(Death Vally) 국립공원은 죽음의 계곡으로 유럽인이 제일 가보고 싶은 곳 중 하나이다. 면적은 300만 에이커, 6,240피트의 바닷속으로 지구에서 가장 낮은 곳이다. 과거, 미국 개척 시 동부에서 서부 통로의 지름길로 이곳을 통과할 때 수많은 사람이 더위에 죽었다고 한다.

이곳은 금이 많은 곳으로 돈이 많은 스코티(scottys)는 캐슬을 지어 놓고 채광을 하며 개척한 곳으로 유명하다. 뜨거운 햇빛, 모래, 소금으로 뒤덮인 바닷속이 드러난 곳은 황무지처럼 보이지만 자원이 많고, 관리를 철저히 해서 지금까지도 세계 속의 명소로 자리 잡고 있다.

소금 위의 큰 바위 2개는 혼자서 움직인다. 이유는 모른 체 전설로만 남아 있다.

》 모래 산은 마치 비단결 같다. 바람 풍화작용으로 인한 자연현상이다.

Wilderness Privincial 공원은 현재 하나의 자연적인 세계 유산 장소를 형성한다. 합해진 이 4개의 공원들은 2,400만 에이커로, 보호되는 땅 중 세계에서 가장 큰 면적을 형성한다.

에이스와 필자는 옐로스톤의 수정 같이 맑은 날 말을 탄 12명의 손님들을 이끌고 펠리컨 밸리를 올라갔다. 펠리컨 시내의 물은 반짝였다. 캐나다 두루미들이 하늘을 날았고, 그들의 애처로운 울음소리는 그곳처럼 원시적이었다.

밸리 곳곳에 흩어져 있는 작은 그룹들의 버펄로들은 노랗게 변하는 풀들을 먹고 있었다. 펠리펄 밸리는 미국의 마지막 23마리의 야생 버펄로들이 발견된 곳이고, 이 23마리들은 야생 버펄로를 멸종 위기로부터 구해내었다.

원시적인 땅 자체는 야생적이다. 여기에 1만 년 동안 있던 고대 버펄로들은 야생적이다. 두루미들의 소리, 초원 사이로 흐르는 시냇물, 고독, 처음이나 끝이 없는 시간, 이 모든 것은 야생이다. 곰도 마찬가지이긴 하지만, 곰을 목격한다는 것은 객관적인 야생을 넘어선다. 곰을 목격함으로써 일으키는 아드레날린 흐름은 우리의 기억 속 야생으로 연결시킨다.

아드레날린, 도망가거나 맞서 싸울 본능적인 에너지를 만드는 것은 우리가 태어났던 야생에서 살아남을 수 있게 한다. 우리는 모든 신경 끝에서 곰을 느낀다. 곰은 조심성을 일깨우고 이 순간의 존재는 야생의 중심이다.

야생이란 동물, 날씨, 지형, 빛과 어두움, 여름과 겨울의 가능성에 민감한 필요성이다.

6. 위락공원 (Amusium Park)

위락공원은 미국의 디즈니랜드, 유니버셜스튜디오, 엠지엠, 에콥센터, 씨월드 등이 있으며 한국에는 서울랜드, 롯데월드, 에버랜드 등이 있고 민속촌도 여기에 포함된다.

위락공원은 대도시의 중심지를 떠나 복잡하지 않은 지역에 대부분 위치하고 있다. 그리고 기후, 경제적인 조건, 교통 등을 감안하여 적정한 곳에 위치하고 있다. 잠실 롯데월드와 같은 경우 장단점이 있다. 관객이 수시로 접할 수 있어 편리는 하지만 대도시의 교통을 마비시키는 원인이 되기도 한다. 관객을 많이 동원시키는 규모의 위락공원은 대부분 도시에서 떨어진 지역에 설치하게 된다. 그러면 낙후된 지역이 다시 생명력을 찾는 도시로 거듭날 수 있기도 하기 때문이다. 그래서 위락공원 이용은 여행의 목적에도 포함되어 있다. 즐길 수 있는 공간을 찾아가는 즐거움과 시골의 자연환경을 함께 맛볼 수 있기 때문이다.

미국의 경우 위락공원은 세계인이 모두 함께 하는 인종의 화합, 문화교육, 세계

〉〉 미국, 플로리다

디즈니월드는 어린이를 위한 공원이기도 하다. 그래서 부모가 항상 동행을 해야 하며, 친구와 친구, 그리고 가족이 모두 모이는 공간으로 언제나 활기가 넘치는 곳이기도 하다.

이 공간에는 각각 주제가 있는 파빌리온이 있어 재미와 즐거움을 더하는 위락공원이다.

의 역사가 살아 숨 쉬는 공간이기도 하다.

과거의 대중 놀이 문화로는 노예들을 이용한 혈투, 로마시대 때 사람들끼리 힘을 겨루는 싸움, 동물 싸움 등으로부터 시작되었으며, 현대에는 올림픽 경기와 같은 스포츠 행사가 대중에게 좋은 에너지를 발산시키고 있다. 대중이 한 장소에 모여 함께 즐거움을 나누고 만끽하는 공간에 착안점을 두기도 한 위락공원은 사람들에게 꿈과 환상을 맛보게 하는 생활의 종합적인 휴식공간으로 제공되고 있다.

전 세계적으로 이곳은 관광 혹은 가족, 친구, 연인들이 짝을 지어 찾는 유일한 유료 휴식 공간이다.

공원 안에는 놀이 시설물, 거리의 이벤트, 특수 설비, 공원, 휴식 공간, 게임, 극장, 경기장, 체험의 공간, 상점, 음식점 등이 마련되어 있어서 종합 휴식공간이라 할 수 있다.

우리나라의 위락공원도 역사는 짧지만 남녀노소 모두가 찾고, 즐기는 공간으로 자리 잡고 있다. 꿈의 세계, 놀이 문화와 즐거움의 체험, 미래를 생각하게 하고 실감나는 환상의 세계로 끌어들이는 공간으로 사람들은 이곳을 생활의 휴식처로 이용하고 있다.

많은 기능을 가진 이 공원 안에서는 따분하고, 힘들고, 슬프고, 답답하고, 미래 비전이 없는 현실과 인간 생활의 돌파구에 대한 답을 얻을 수 있다. 따라서 모든 환경과 시설물, 그리고 주제관들은 항상 새롭게 변화되고, 시대적으로 대변할 수 있는 새로운 생각과 미래의 콘셉트로 발전되고 있는 공간이기도 하다. 디즈니랜드의 특징은 상업성을 띤 유료의 공간으로, 공간 안에는 각기 틀린 주제관이 있다.

이 주제관을 파빌리온(Pavilion)이라고 하며, 이 공간은 즐겁고 흥미가 넘치는 공간으로 구성되어 있다.

야외 공원이 신체적인 휴식, 정신적인 안정, 인생의 낭만을 느낄 수 있는 장소라면, 위락공원은 즐거움, 체험, 우주의 공간을 누릴 수 있는 가상현실 공간이라고 할 수 있다.

〉〉 미국, 캘리포니아

메직 마운테인 위락공원. 이 공간 안에는 나이 어린 세계의 젊은층이 주로 찾는 곳이다.
흥미진진한 놀이 시설물로 구성되어 있기 때문이다. 이 공간 안에는 즐거움과 활력이 있고, 미래와 꿈이 있으며 첨단기술의 힘을 느낄 수 있다.

돈을 받는 상업 공간 안에서의 모든 시설물들은 사람들에게 재충전의 기회와 만남, 즐거움을 더해 주는 공원의 의미를 지니고 있다.

위락공원 설치는 그 나라의 자부심과 위상이기도 하다. 디즈니랜드와 같은 위락공원의 경우 설치보다 더 중요한 것은 항상 새로운 주제관, 시설물을 바꾸어주는 등의 철저하고 꾸준한 관리이다.

대규모 위락공원은 항상 세계인이 찾을 수 있도록 변화를 주어야 하기 때문에 많은 나라들이 쉽게 설치를 못하고 있다. 이유는 많은 돈과 새로운 미래의 아이디어를 생각해 내야 하기 때문이다. 우리나라의 경우 외국인이 찾는 곳은 민속촌이다. 외국인들은 그곳에서만 볼거리가 있기 때문에 찾는다.

다른 위락공원은 모든 것이 새롭지 못하고 독창적이지 못한 모방에 불과하기 때문에 외국인들로부터 외면받는다. 이 공간은 창조, 독창성, 첨단이 어우러진 최고의 종합 연출이 필요한 곳이다. 그래야 위락공원의 기능을 다할 수 있고, 사람들에게 휴식의 공간으로도 가치를 부여할 수 있다.

06 휴식 공간(rest area)의 분류

1. 도심, 휴식 공간(City, Rest Area)

도심 속의 휴식 공간들은 도시인에게 없어서는 안 되는 절대적으로 필요한 공간들이다. 도시에 살고 있는 사람들의 공간, 직장인이 잠시 쉴 수 있는 공간, 쇼핑 공간, 생활의 리듬을 유지하고 에너지를 축적할 수 있는 공간, 도시를 찾는 관광객을 위한 휴식 공간 등은 반드시 잘 계획되고 제공되어야 한다.

호텔이나 고급 백화점 같은 상업 공간에서는 좋은 시설물, 화려한 디자인, 품격을 갖춘 좋은 재료의 사용 등으로 휴식 공간을 계획하고, 대중이 함께 공유하는 도시의 공간에서는 화려한 휴식 공간보다는 우선적으로 필요한 실용적인 공간을 더 늘리고 지속적으로 관리를 철저히 해야 하는 계획이 필요하다. 도심 안에서는 작은 벤치, 나무 그늘, 좋은 풍경과 분위기, 이벤트 등이 휴식 공간의 역할을 하고 있기 때문이다.

휴식 공간 디자인은 도시의 특성, 역사, 문화, 그리고 미래를 만들어 갈 수 있는 계획이 필요하며 시대적 변화, 혹은 지역의 삶 수준, 주민의 요구, 상업의 특성 등을 고려하여 진행되어야 한다. 신도시 혹은 재개발 도시는 이러한 점을 더욱 고려하여 계획하여야 한다. 비전문가가 선진국을 답사해서 그대로 모방하는 형식은 안 된다.

〉〉 미국, 시애틀
개방 공간과 휴식 공간에서 도시의 활력을 느낄 수 있다.
좋은 시설물 디자인, 계획 등이 이루어졌을 때 모든 기능이 발휘한다.

예를 들어, 선진국에 새로운 구조물이 생기면 몇 일 후 모든 도시, 모든 유원지에 비슷한 구조물이 설치되어 지는 것을 볼 수 있다. 만일 외국 사람이 모방한 구조물을 본다면 그것은 국제적인 망신이라는 것을 우리는 깨달아야 한다. 대부분의 휴식 공간은 제대로 관리되지 않아 사용할 수가 없다. 의자는 있어야 할 곳에 없어 불편을 주기도 한다. 언젠가 도심 공간에 우리 건축 양식으로 정자를 설치했다. 그 후 사람들의 이용이 늘어남과 아울러 낮잠을 자거나 대소변을 보는 등의 공공질서 문란 행위가 늘자 정자를 철거하기에 이른다. 이러한 휴식 공간 계획은 실패한 계획이다. 이유는 전문가의 계획이 아니었고, 너무 전통적인 구조물만을 고집했으며, 위치와 지역의 분위기 등을 배려하지 않은 획일적인 디자인을 적용하였기 때문이다. 하나의 휴식 공간 디자인이 좋다고 해서 같은 디자인을 전국적으로 설치하면 안 된다. 지역마다 지니고 있는 환경이 다르기 때문이다. 디자인 계획은 전통의 답습, 시대와 사람에 대한 배려 등을 고려해야 하고, 특히 여러 분야의 전문가로 구성되어 실행되어야 한다. 공공 지역 공간은 정부에서 관할

1. 미국, 로스앤젤레스

전철 입구 도시 환경 디자인. 새로운 구조물과 벤치가 있는 곳에서 휴식을 취하면 더욱 좋다.

2. 프랑스, 파리

도심에서의 휴식 공간 풍경, 무단횡보로 공공질서가 없어 보이지만 이곳은 국제 질서가 있는 곳이다.

3. 프랑스, 파리

복잡하게 느껴지고 질서가 없는 것처럼 보이지만 도시는 이러한 환경을 고려해 디자인되어야 하며, 또한 공공질서를 유발할 수 있도록 계획되어야 한다.

4. 미국, 캘리포니아

고속도로 주변에는 장거리 운전자를 위한 휴식 공간이 설치되어 있다. 화려함보다는 편리를 제공하는 곳이라고 말할 수 있다.

》 서울, 공공지역 휴식 공간에 설치된 벤치는 도심 안에 좋은 환경을 만들어 주지 못하고 있다. 장소, 지역의 특징을 살리지 못하고 제작 설치되였기 때문이다.

》 프랑스, 파리
상제리 거리 주변의 공간과 거리. 도심의 거리는 콘크리트로 건축되어 있다. 그런데 이곳은 모래 포장으로 자연을 느끼게 해주는 공간이다.

》 서울, 목동
계획 없이 길거리 주변 잔디 위에 벤치를 설치해 놓았다. 이러한 경우 턱이 없는 공간을 마련하고 벤치를 설치해야 휴식 공간이 될 수 있다.

〉〉 프랑스, 파리
라데팡스 환경디자인은 모든 사람들은 이곳에 머물게 한다. 좋은 디자인은 도심의 휴식 공간이 될 수 있다.

〉〉 프랑스, 파리
라데팡스는 첨단 도시, 첨단 건축, 첨단 시스템을 가진 도시의 미래를 보는 듯하다. 개방 공간에 설치된 벤치 디자인과 휴식 공간

〉〉 프랑스, 파리
도심에는 어김없이 벤치가 설치되어야 한다.
이 벤치 주변을 휴식 공간이라고도 한다.

1. 프랑스, 파리

도시에 설치된 휴식 공간의 일부인 벤치는 노약자에게 제공되는 거리 가구다. 벤치 디자인은 그 지역의 특성을 파악한 후 제작, 설치해야 한다.

2. 프랑스, 파리

거리에 벤치 하나만 있어도 휴식 공간이 될 수 있다.

3. 미국, 샌프란시스코

도심 속에 휴식 공간은 없어서는 안 된다. 휴식 공간은 쾌적한 공간을 만드는데 제일 중요한 요소이기 때문이다.

4. 프랑스, 파리

상제리제 거리에 벤치 하나가 관광객들에게 좋은 휴식처를 제공해 준다. 벤치는 주변 여건, 상업 공간에의 성격 등에 따라 설치되어야 한다. 거리에 계획되지 않은 벤치 설치는 거리를 오히려 복잡하게 만들 수 있다.

1. 미국, 라스베가스

   도심에서의 휴식 공간 제공은 디자인에 따라 품격 혹은 우범지역을 만들 수 있다. 따라서 전문성 있는 디자인이 입안되어야 한다.

2. 미국, 라스베가스

   도심 거리의 휴식 공간, 별도로 벤치가 없어도 도시의 구조물을 이용한 휴식이 가능하다.

3. 미국, 로스앤젤레스

   일본, 미국 국제 박물관 입구에 설계된 벤치, 딱딱한 콘크리트 계단과 벤치라도 이곳을 찾는 사람 혹은 행인들에게 좋은 휴식 공간이 될 수 있다. 주변 환경과 건축물 디자인이 아름다워야 한층 더 편한 마음의 휴식도 제공된다.

4. 일본타운 중심부에 설치된 분수대, 협소한 장소에서 공연, 휴식, 만남 등의 기능을 제공하고 있다.
5. 도심 속의 휴식 공간은 작은 기능을 가져도 좋다.

한다. 그러나 우리나라는 디자인에 대한 예산이 제대로 명문화되어 있지 않다. 그래서 휴식 공간 조성을 디자인과 관련 없는 업체가 맡게 되고 디자인은 자연스레 외면받고 있다. 정부에서는 디자인을 등한시하고 시공을 최우선으로 실행하기 때문에 그일을 맡은 시공업체는 새로운 우리만의 디자인을 만들기보다는 외국의 현존하는 디자인을 그대로 가지고 오는 일들을 되풀이 하고 있다. 도심의 휴식 공간 안에서는 어떠한 요소와 시설물 등이 필요한지 꼼꼼히 생각해 보아야 한다. 왜냐하면 필요하지 않은 요소나 시설물이 설치되면 주민에게 불편을 주는 한편 경제적 손실과 도심의 혼잡을 일으키기 때문이다. 당연히 그것은 좋은 환경이 될 수 없다. 그래서 도심 속 휴식 공간 설치의 의미가 무엇인지 잘 이해하여야 한다.

도시의 휴식 공간을 확보하기 위해서는 직접 체험하고 면밀히 관찰하여야 한다. 먼저 설치된 사례를 교훈 삼아 일을 진행하는 것도 좋은 방법론이 될 수 있다.

〉〉 미국, 로스앤젤레스

일본타운에 개방된 휴식 공간, 이곳에는 일본영사관, 문화원 등이 집결되어 모든 민원봉사를 하는 곳이다. 이 공간 안에서 수많은 행사가 열린다. 그래서 많은 사람이 이용하는 도심의 휴식 공간으로 자리 잡고 있다.

1. 캐나다, 벤쿠버

도심의 휴식 공간은 의자도 필요하지만, 자연과 함께 할 수 있고 누워서 잘 수도 있는 잔디가 깔려 있다면 더욱 좋다.

2. 미국, 라스베가스

엔터테이먼트의 나라 미국 안에 라스베가스도 손꼽히고 있다. 자연과 첨단과학으로 조화된 도심에는 대중의 휴식 공간도 색다르다.

과거 미국의 경우 대부분의 도시들에서는 휴식 공간의 필요성에 대해 그다지 크게 의미를 두지 않았다. 도시 밀집 현상에 대한 걱정은 많았지만, 휴식 공간에 대한 대부분의 연구들은 밀집된 공간에서보다는 다른 곳에서 시작되고 이루어졌다.

도시 생활 휴식 공간 Project의 연구는 뉴욕 시공원들과 놀이터들, 그리고 그 외적으로 버려진 공간에서부터 시작되었다. 새롭게 공간을 설치했지만 도시민들은 많이 이용하지 않았다. 어린이 또한 외면하였다. 많은 사람들은 어린이들이 거리에서 노는 이유가 놀이터 공간이 없기 때문이라고 추측한다. 하지만, 많은 어린이들은 아무것도 없는 거리에서 놀기를 더 좋아한다. 어린이들에게 집 밖의 모든 거리 자체가 노는 공간이었다. 거리와 인접한 현관 계단이나 비상 계단에서 어머니들이나 나이 드신 분들이 거리에서 노는 아이들을 바라보는 것이 이 도시

》 미국, 팜데일
고속도로 주변에 설치된 휴식 공간과 피크닉 장소에는 간단한 음식도 만들어서 먹을 수 있다. 이러한 공간을 제공하는 것도 필요하지만, 더 중요한 것은 관리가 철저히 이루어져야 한다.

〉〉 뉴질랜드, 오크랜드

모뉴먼트, 벤치, 잔디가 조화를 이룬 공원. 도심에는 대중 휴식 공간이 꼭 필요하다. 더 좋은 공간을 제공하려면 디자인이 우선적으로 계획되어야 한다.

〉〉 미국, 로스앤젤레스
도심의 휴식 공간은 지역에 따라 유형과 기능이 틀려야 한다.

의 풍경들이며, 이러한 풍경에서 어린이들은 놀기를 좋아했다. 처음에는 새롭게 디자인된 놀이공간보다는 골목길을 택하기도 했다. 그래서 휴식 공간 디자인의 착안점으로는 골목길 풍경이 기초적인 요소이기도 하다.

도시 속에 위치한 휴식 공간들은 직장인들의 점심시간에 많이 사용되기도 한다. 식사 후 낮잠을 자거나 일광욕, 피크닉, 수다 등 사람마다 제각기 틀린 방식으로 휴식시간을 보내는 공간으로 지금까지 이어지고 있다. 이 공간을 찾는 층은 주로 젊은 사람들이다. 아름다운 맑은 날, 자연과 좋은 전망이 있는 도시 속 공간에는 어김없이 많은 사람이 모인다. 현대 도시를 살리려면 우선적으로 휴식 공간을 확보해 나가야 한다. 도시는 이미 빼곡히 들어선 빌딩으로 공간이 부족하지만, 오래된 빌딩을 재건축할 때 공간을 확보할 수 있도록 시의 법을 새롭게 개정하면 가능한 일이다. 재건축할 때도 시민을 위해 공간을 제공하고 건물주에게 인센티브를 주는 방식으로 법을 개정하면 도시의 휴식 기능을 다시 찾을 수 있다. 만일 도심에 휴식 공간이 없다면 도심의 쾌적한 환경을 기대할 수 없다.

2. 상업 지역 휴식 공간(Commercial Area, Rest Spaces)

도시에서 대중 모두가 함께 사용하는 공간은 공공 지역과 상업 지역으로 크게 나누어진다. 공공 지역은 정부가 관할하며, 상업 공간과 지역은 건물주 혹은 점포 주인 등이 책임 권한을 가지고 있다. 그러나 상업 지역도 경우에 따라 정부가 법규를 정해 주민에게 휴식 공간을 할애하도록 하기도 한다. 왜냐하면 경영자는 이윤 추구의 목적뿐 아니라 사회 환원, 지역 주민 배려 등의 책임도 있기 때문이다. 그리고 그것은 도시를 살리기 위한 전략이기도 하다.

상업 지역의 유형에는 백화점, 쇼핑몰, 크고 작은 점포, 호텔 등 상업성을 띤 모든 비즈니스가 포함이 된다. 여기에서 비즈니스 운영 전략으로 대중에게 할애하는 휴식 공간은 규모가 큰 쇼핑몰과 호텔 등이 있다. 이곳에서는 앞다투어 쾌적한 휴식 공간을 계획하고 제공하고 있다. 현대에는 대중과 고객에게 어떠한 공간을 제공하고 있느냐에 따라 경영의 성패가 결정되기도 한다. 그래서 상업 지역에서의 휴식 공간은 필수적이며, 나날이 발전되고 있다. 또한 정부 차원에서도 법규를 강화하고 있고 또한 지원하고 있다. 왜냐하면 도시는 거리, 개방 공간, 공원 등을 빼고는 대부분 상업 공간이 차지하고 있기 때문이다.

〉〉 미국, 글렌데일
상업 건물에서 제공하는 휴식 공간 디자인, 도시의 쾌적함을 더해 준다.

1. 호주, 시드니

화려하지 않아도 주민을 위한 휴식 공간은 편리하고 안락한 환경의 제공이 우선적으로 선행되어야 한다.

2. 캐나다, 벤쿠버

상업 건물의 시설물들은 디자인, 색채, 재료 선택이 조화를 이루고, 충분한 휴식을 취할 수 있도록 제공해야 한다.

〉〉 프랑스, 파리
도심의 휴식 공간 이용은 자유롭다.

그래서 실질적으로도 시민들은 날마다 짧은 휴식을 취하기 위해 상업 공간을 사용하고 있다. 도시의 이미지를 바꾸고 새로운 고객을 유치하려면 휴식 공간 확보가 최우선으로 배려되고 계획되어야 하며, 또한 이것이 경영 전략의 일환으로 대두되고 있다.

도심 속의 휴식 공간을 살리려면 우선적으로 상업 지역의 대중 공간 디자인이 잘 되어 있어야 한다. 그렇게 되면 도시의 좋은 이미지를 구축할 수 있고, 다시 찾고 싶은 도시가 될 수 있다.

상업 지역의 휴식 공간에는 도시에서 건축된 고층 빌딩과 쇼핑몰, 백화점, 크고 작은 상업 건물, 점포 등과 주변에 설치되는 대중과 고객을 위한 환경 디자인, 시설물 등이 포함되어 있다. 크고 작은 비즈니스를 하려면 고객을 위한 쾌적한 환경, 즐거운 이벤트 등이 필요하고, 이것은 고객들로 하여금 다시 찾게 하는 좋은 전략이 될 수 있다. 여기에서 제일 중요한 부분은 휴식 공간 제공을 들 수 있다.

》 영국, 런던
상업 건물 앞에 휴식 공간 제공을 위한 구조물 디자인

》 영국, 런던
상업 건물 주변에 잘 정돈된 휴식 공간과 환경, 이러한 환경을 선진국 환경이라고 한다.

도심 안의 상업적 요소로는 맛있게 먹을 수 있는 식당, 유행을 앞서가는 패션 스토어, 도시에 낭만을 주는 커피숍, 건강을 위한 약국과 병원, 아름다움을 추구하는 미술 공간 갤러리, 특수한 거리와 쇼핑센터 등이 있다. 이렇게 다양한 비즈니스 공간은 도시민과 고객들에게 새롭고 즐거운 휴식 공간을 제공할 의무가 있기도 하다. 도시 속에 이러한 휴식 공간을 설치하게 되면 환상적인 현대 도시를 만들 수 있다.

상업 지역 휴식 공간 디자인은 도시의 특성에 따라 다양하고 광범위한 구상으로 연출되어 도시를 대표하는 이미지를 전달시킬 수도 있다. 그러므로 도시의 휴식 공간이 어떻게 디자인되어 설치되었느냐에 따라 도시를 아름답게 할 수도 있고 삭막하게 할 수도 있다. 따라서 건물주, 민간단체, 정부에서는 각기 틀린 법규와 많은 규제를 통해 도시를 아름답게 가꾸려는 목적으로 상업 휴식 공간에 많은

1 미국, 세도나

미니 쇼핑몰 내에는 지역의 특징을 살려 디자인되었다. 관광객은 특징적인 곳에서 머물고 싶어한다.

2 미국, 파세데나

주상복합 지역의 휴식 공간은 쾌적하게 디자인되었다.

1. 미국, 세도나
   상업 공간의 휴식 공간 제공은 필수적으로 계획되어야 하며, 또한 고객에게 좋은 이미지를 심어줄 수 있다.
2. 프랑스, 라데팡스
   한 구조물이 도시에서의 휴식 공간으로 만들어 준다.
3. 미국, 파세데나
   상업 공간에서의 휴식, 코너 베이커리가 제공하는 의자에 사람들은 만족한다. 만족한 공간에는 웃음이 가득하고 즐거움도 함께 얻을 수 있다.
4. 미국, 파세데나
   상업 공간 속의 휴식은 필요하다. 환경이 좋으면 모든 사람들이 찾아온다. 잘 만들어진 휴식 공간은 상점을 살리고 도시를 살린다.

1. 미국, 파세데나

상업 건물의 휴식 공간 디자인. 벤치, 가로등, 휴지통 등이 잘 조화를 이루고 있고 깨끗함을 유지하고 있다.

2. 미국, 로스앤젤레스

라브레아 자연박물관 주변의 휴식 공간

중앙 잔디밭 디자인은 우리들의 휴식 공간이 될 수 있다. 꼭 중앙에 돈을 들여 분수대를 설치하고 조형물이 있다고 해서 휴식 공간이 되는 것은 아니다.

1. 미국, 캘리포니아
대도심의 상업 공간에서는 고객을 유치하기 위해 좋은 공간 디자인을 구상한다. 깨끗하고 편리한 공간은 다시 찾을 수 있기 때문이다.
2. 미국, 로스앤젤레스
콘도 주변 공간에 조각물이 설치되어 있다. 건물, 공간, 조각물이 조화를 이룰 때 휴식 공간 역할도 할 수 있다.

관심을 갖고 개선해 나가고 있다. 이것은 경영자는 비즈니스를 살리고 나아가 각 도시에 새로운 얼굴을 만들고 경쟁력 있는 도시를 만들기 위함이다. 각기 틀린 새로운 비즈니스의 얼굴을 찾기 위해 경영자와 정부가 시행하고 있는 공간, 공공 장소, 상업 공간 등의 법규는 지역 혹은 도시마다 적용의 범위를 다르게 하여 입안되어야 한다. 예를 들어 도시의 특징, 문화, 역사, 특별한 지역, 특별한 장소 등 도시를 살리기 위한 정해진 범위뿐만 아니라 상업 공간에서의 이벤트와 행사를 위해 임시로 적용이 가능한 범위 등을 확대해 나가는 것이 좋다. 그리고 법규가 제정된 이후라도 시대가 바뀌고 생활 패턴이 바뀌었다면 법규는 이러한 변화에 따라 새로운 법규로 바꾸어 나아가야 한다.

이것은 우리가 계절이 바뀌거나 오랜 시간이 지났을 때, 혹은 이사를 가게 되었을때 집 내부 장식들을 새로운 것으로 바꾸고 위치를 변경해 새로운 모습을 찾으려고 하는 것과 같다. 상업 지역의 휴식 공간은 고객을 많이 유치하고 그 지역사

1. 미국, 파세데나
노톤 사이먼 박물관 내 휴식 공간. 박물관 내 나무, 조형물 설치가 방문객의 휴식처로 제공되고 있다.

2. 미국, 캘리포니아
메이시 백화점 주변의 상업 휴식 공간 디자인, 벤치 디자인을 어떻게 하느냐에 따라 조각품이 되기도 한다.

〉〉 호주, 시드니
오페라 하우스 주변의 상업 휴식 공간의 분위기는 낭만적이다. 그래서 세계인이 몰려들곤 한다. 바다, 건축물, 공간과 공간의 조화가 아름답기 때문이다.

회에서 일익을 담당하는 리더로서의 역할을 지니고 있다. 정부에서 못하는 일들을 할 수도 있다. 대중 심리적 적용과 도시에서 살고 있는 주민은 언제나 새로운 모습을 원하고 휴식이 제공되는 공간을 원한다. 이러한 주민의 욕구를 충족시켜 주기 위해 쉽게 계획할 수 있는 일들이 곧 상업 휴식 공간 계획이 될 수 있다.

그 도시를 방문하는 사람들과 고객들에게 최고의 휴식 공간은 새로운 도시의 이미지를 각인시킬 수도 있다. 그리고 최고의 상업적 효과를 얻을 수도 있다. 휴식 공간의 탄력성이 있는 아이디어, 도시 안에서도 각각 틀린 디자인은 지역을 살리고 도시를 살릴 수도 있다. 이러한 일들이 도시 환경 디자인에 포함된다. 더 나아가 지역 경제를 살릴 수도 있다.

우리나라의 대형 비즈니스를 하는 경영자들도 고객을 유치하기 위해 생각을 바꾸어 많은 투자를 하고는 있지만 형식과 법규에만 의존하는 것이 현실이다.

이윤을 위해서는 먼저 고객에게 무엇을 주고 사회에 어떻게 환원할까를 생각해야 좋은 휴식 공간이 될 수 있다. 그렇지 않고 돈만을 생각하게 되면 정부 법규를 교묘히 피해 작은 공간, 특별한 공간이 아닌 어디서나 볼수 있는 공간, 사용할 수 없는 공간, 안전하지 못한 공간, 관리가 없는 공간이 될 수 있다. 형식적이고 평범하고 의무적인 휴식 공간은 오히려 도시의 가치를 떨어뜨릴 수 있다. 그리고 이러한 공간은 대중의 휴식 공간이 될 수 없다. 한국의 상업 지역 휴식 공간은 특수층, 혹은 특별한 지역에서는 이루어지고 있지만 대부분의 모든 지역에서는 인색하기 짝이 없다.

〉〉 미국, 시카고
움직이는 휴식 공간 역마차, 역마차 안에서 도시의 정취를 느끼며 휴식하는 공간

모든 도시에 똑같은 법규와 옛날 법규를 그대로 사용하고 있는 실정이다. 상업 지역에서의 휴식 공간이 법에만 의존한다면 대중에게는 불필요한 공간이 될 수도 있다. 그것은 휴식 공간으로서의 기능을 상실하기 때문이다. 도시 사람들과 지역의 지도자는 새로운 도시의 이미지와 특별한 도시의 이미지만을 만들려 하고 있다.

그들은 그 지역 및 세계에서 가장 높은 상업 빌딩만 건설하려 하고 있다. 그것

1. 미국, 라스베가스
파리 카지노, 호텔 안의 휴식 공간. 도시의 자연을 끌어들여 세계인을 유혹하고 있다.
2. 미국, 세도나
미니 쇼핑몰 내 조형물. 벤치의 기능을 가진 휴식 공간 디자인, 이곳에서 작품 감상도 하고 휴식도 취할 수 있다.
3. 프랑스, 파리
루브르 박물관 내 휴식 공간 앞에는 사실적 조각물이 눈길을 끌고 있다.
4. 미국, 라스베가스
상업 지역에 제공된 휴식 공간, 도심은 그 지역 상업인들이 만들어 가면 빠른 발전을 기대할 수 있다.

〉〉 미국, 샌디에이고

상업 지역 휴식 공간 환경 디자인. 대중을 끌어들이기 위해 좋은 디자인과 관리가 철저히 이루어지고 있다. 더러우면 손님을 끌어들일 수 없다.

바다가 내려다 보이는 쇼핑몰 옥상의 휴식 공간 디자인
상업 지역 공간은 언제나 깨끗한 분위기를 제공해야 한다.

1. 미국, 파세데나
책방, 커피숍 등이 자리 잡고 있는 휴식 공간. 과거에는 담배를 피우는 공간으로 사용되었지만 지금은 좋은 도시, 좋은 공간에서는 금연 지역으로 확대하고 있다.
2. 미국, 샌디에이고 지역의 쇼핑몰 휴식 공간 디자인

1. 미국, 글렌데일
쇼핑몰 안의 물을 이용한 휴식 공간 디자인. 어린이들이 좋아하는 공간으로 디자인되었다.

2. 미국, 알함브라
에드워드 극장 앞에의 휴식 공간 다지인. 시각적으로 복잡하고 산만하게 보이지만, 이 지역에 살고 있는 주민들은 만족하고 있다. 타일 모자이크로 제작된 구조물, 조형물, 연못 분수대가 조화를 이루고 있는 이곳은 주말이면 모두 모여 일주일간 쌓인 스트레스를 풀고 휴식을 갖는 공간이다.

3,4. 미국, 산타페스프링
헤리타지 크로싱 사무실 단지 환경 디자인. 분수대와 휴식 공간 디자인은 이곳을 알리고 이곳에서 일하고 있는 모든 사람들에게 작은 휴식 공간을 제공하기 위해 디자인되었다.

〉〉 미국, 캘리포니아
소아링 드림 프라자 내 설치된 분수대와 휴식 공간 디자인. 넓은 자연의 공간과 인위적인 시설물 설치가 잘 조화를 이루고 있다.

〉〉 미국, 로스앤젤레스
상업 건물 내 고객을 위한 휴식 공간 디자인

이 경제를 살리고 새로운 도시의 이미지라고 생각하고 있기 때문이다. 그래서 그들에겐 생각의 전환이 필요하다. 적은 예산과 법규로 쾌적한 도심 환경을 만들기 위해서는 각 도시, 지역 특성에 맞는 새로운 상업 휴식 공간을 확보하고 이에 따른 새로운 전략 구상을 해야 한다.

3. 분수대 공간(Water Fountain & Spaces)

고대 사회에서 물은 현실적이고 상징적인 역할을 하였다.

물은 통제가 되어 수로와 대야에 담겼을 때 생명력을 지니고 미적 즐거움을 줄 수 있다. 티그리스강에서 뻗어 나온 유프라테스강과 나일강, 그리고 그곳에서 분배되고 저장된 물은 아주 이른 시대부터 인간의 소망을 처음 표현하는데 쓰여진 정원들을 가능하게 했다.

정원은 성공과 위풍을 나타내는 집이나 궁전의 모습을 보충하고, 뜨거운 태양을 피할 그늘을 제공하고, 과일과 꽃의 생산을 돕고, 인간 삶에서 힘든 고생을 조금이나마 덜어준다. 물은 정원 창조를 가능하게 한 요소이다.

정원 디자인의 역사를 명시하는 여러 요소 중 물은 생명력을 느낄 수 있고 지속적인 관심을 갖게 한다.

》 프랑스, 버사이레스
분수대 건축의 의미는 태양의 신에게 충성을, 떠오르는 태양과 고대의 말 전차를 상징한 작품이다.

›› 호주, 시드니 도심에 조형물 분수대. 주변에 휴식 공간을 제공해 주고 있다.

가장 효과적인 물의 수송과 통제는 이집트 정원의 전체적인 디자인에 근본적인 영향을 주었다. 댐과 수문의 시스템을 통해 강에서 끌어올려 진 물은 똑바른 직사각형의 운하와 수로들을 통하고 직사각형 모양의 저장소와 합쳐진다. 이러한 물의 흐름은 정원 계획에 보편적으로 채택된 대칭적 둘러싸임에 대한 영감을 주었다.

아마도 이집트의 발명 중 가장 훌륭한 것은 오늘날까지 쓰이는 샤도프(shadoof)일 것이다. 가로대가 있는 수직의 막대기와 한쪽 끝에는 물을 긷기 위한 가공하지 않은 양동이가 걸려 있고 다른 한쪽에는 평행추가 있다. 모든 정원에는 물을 쉽게 나르기 위해 적어도 하나의 샤도프가 있었고, 이것은 정원을 관리하는데 큰 영향을 미쳤다. 특히 체크보드 모양의 정사각형 베드의 개발은 항상 필요했던 물 뿌리기의 능률을 최대화시켰다. 이것이 곧 분수 역할을 한 셈이다.

기원전 3000년 고대 왕국의 성립부터 기원전 332년 알렉산더 대왕의 정복까지 정원의 기본적인 요소는 아주 조금 바뀌었다.

거의 모든 정원들의 필수 요소는 물, 선택된 나무와 꽃, 포도원과 작은 파빌리온이었다. 그나마 바뀌고 진척된 것은 요소들의 복잡한 배치라 할 수 있다. 아마 이집트의 정원 그림 중 가장 훌륭하고 인상적인 것은 아멘호텝 3세 때(기원전 1411~1375) 총 제사장의 안식처로 알려진 테베의 무덤일 것이다.

1. 미국, 로스앤젤레스
모카 뮤지음 공간에 건축된 조형물과 분수대 디자인은 도시의 활기를 북돋아 준다.
2. 호주, 시드니
상업 건축물 입구 계단에 설치 기획된 분수 연출은 도시를 한층 더 시원하게 해준다.

1. 호주, 시드니 도심의 분수대 디자인
   이곳은 어린이들의 천국 공간이다. 분수대 공간 하나가 도시의 이미지를 살릴 수 있다.
2. 영국, 런던
   광장의 분수대가 없다면 신선한 분위기를 창출해 낼 수 없었을 것이다.
3. 미국, 라스베가스 미라지 호텔
   카지노에 건설된 물의 연출 계획은 행인을 위해 계획되었다. 대중에게 볼거리를 제공해 주고 경제적 이익을 얻기 위한 전략이기도 하다.
4. 미국, 로스앤젤레스
   도시의 개방 공간은 폭포, 분수대 등으로 설계되었다.
   아름답고 신선한 도시의 풍경을 대중에게 제공하고 있다.

❶

❷

❸

❹

1. 미국, 라스베가스

라스베가스에서 파리 개선문을 볼 수 있다. 개선문과 분수대는 잘 조화를 이루고 있다. 개선문 조각은 컴퓨터 시스템으로 제작되었다.

2. 미국, 로스엔젤레스

박물관 안에 설치된 분수를 이용한 모뉴멘트(조형물). 도심의 조형물은 주변 환경을 고려하고 규격, 위치 등 좋은 디자인이어야 도시를 살리고 이곳을 찾는 사람들에게 즐거움과 편안함을 줄 수 있다. 서울에서 법적으로 제정한 조형물 설치가 때로는 도시의 미관을 해치는 시각 공해가 될 수 있다.

3. 미국, 라스베가스 벨리지오 카지노

호텔에서는 water show를 대중들에게 제공하고 있다. 첨단과학과 어울러진 연출은 환상적이다.

4. 영국, 런던

다운타운 상업 건물에 설치된 휴식 공간 디자인. 복잡한 도시의 작은 분수대는 모든 사람들에게 신선함과 자연을 생각하게 해준다.

❶

❷

❸

❹

이집트 사람들의 정원은 본질적으로 개인의 즐거움과 휴식을 위한 것이었다. 험한 자연의 주변으로부터 만들어진 신성한 곳으로서의 정원은 이집트 사람들에게 그들의 자연에 대한 사랑을 표현할 수 있는 도구가 되었다. 그들의 자연에 대한 사랑은 모든 정원에 필수였던 꽃, 물고기, 새, 풀, 수로, 분수대 등으로 표현되었다. 고대 이집트와는 달리 티그리스강과 유프라테스강 사이의 평원(홍수에 의해 축적)에 건설된 메소포타미아의 정원은 자연에 대한 사랑을 나타내는 흔적은 없다. 하지만, 나일강 분지에서처럼 모든 경작과 정원은 두 개의 큰 강의 홍수를 통제하기 위해 시작되었다.

매년 일어나는 홍수는 짧지만 파괴적이었다. 그것을 통제하는 것은 모든 사람들의 조직화를 요구했고, 이 요구는 수많은 도시 문화를 수립하는데 기여했다. 홍수로 인한 물은 큰 저수지로 모아졌고 이곳으로부터 일 년 동안의 농업 관수가 조달될 수 있었다.

〉〉 미국, 파세데나
상업 건물의 분수대 디자인. 분수대는 그 중심으로 누구나 앉을 수 있는 높이로 설계한다.

〉〉 러시아, 피터호프
전쟁에서 유럽을 물리치고 육군의 승리를 기념하기 위한 궁전 안의 분수대 디자인
황금 빛 찬란함과 힘이 넘치는 분수의 연출이 모든 의미를 표현해 준다.

〉〉 미국, 뉴욕

펩시고(pepsico) 공원 안에 설치된 분수대 디자인. 현대 분수대는 물의 여러 형태를 연출하고 한층 역동적인 디자인을 보여 주고 있다. 좋은 분수대 디자인 연출로 도시 환경을 살릴 수 있다.

》 미국, 펜실베니아
롱우드에 설계된 분수대 디자인 연출
디체리 공원 안에는 격자무늬의 분수대와 높게 솟은 물의 연출이 특징적이다.

가장 오래된 물 대야 조각은 기원전 3000년 전의 것으로 예상되고, 이것은 메소포타미아의 한 도시 텔로라는 지역에서 발견되었다. 이 조각품은 그 이후 몇천 년 동안 정원 안에 만들어진 다양한 분수대의 원형으로 간주된다.

물 공급 시스템이 빠르게 발달되어 용맹한 아시리안들은 큰 사냥 공원을 만들 수 있었다. 그리고 같은 시기에 지구라트(고대 바빌로니아-아시리안의 피라미드형 사원)의 테라스 공원, 특히 가장 유명한 바빌론의 공중정원을 위해 물을 끌어올릴 기본적인 수력들이 개발되었다.

오늘날 메소포타미아의 테라스 공원들이나 아시리아의 과수원 정원들은 어떤 형태로도 살아남지 못했다. 하지만 물 통제의 가능성이 정원 발전에 결정적인 요소가 되었다는 것은 분명하다. 그리고 결과적으로 물은 상당히 상징적인 중요성을 가지게 되었다. 이 중요성은 고대 유럽 크리스천 정원들과 이슬람 정원들에서도 지속되었다.

성경에 나오는 에덴의 동산은 이 고대 나무 공원과 비슷할 뿐만 아니라 그곳은 전통적으로 메소포타미아에 위치해 있었다. 네 개 강의 삶으로 나누어진 천국 정원의 기본적인 원리는 페르시아 Charbar-bagh의 중심적인 영감이 되었다. 그리고 Charbar-bagh의 물에 대한 의지와 물의 형태는 유럽, 아프리카, 아시아의 이슬람 정원에 몇 세기에 걸쳐 변하지 않은 상태로 남아 있었다. 장식된 분수, 동굴 모양의 집, nymphaea 등은 오래되고 신성한 샘물이 솟아나는 한적한 곳 주위에 지어진 정자 같은 곳으로부터 유래되었다. 이곳들은 원래 요정들이나 다른 신들이 차지하고 있던 곳으로 수세기가 흐른 후 유럽 정원들의 중요한 장식 요소로 편입되었다.

그래서 땅으로부터 샘을 통해 자연스럽게 흐르는 물의 중요성은 이집트 정원들의 고인 풀이나 수로의 두드러진 특색보다 고대 그리스 사람들에게 훨씬 큰 영향을 미쳤다. 뮤즈의 가장 신성한 장소는 Heicon 산 언덕에 위치한 Hippocrene의 분수이다. 전설에 따르면 이 분수는 페가수스의 말굽이 땅을 쳤을 때 샘물이 나타남으로써 탄생했다고 한다. 결국 이 장소는 상징적인 조각들로 장식되었고 중요 도시들에게 소개된 기본적인 분수로 명성이 높아졌다. 아테네에 위치한 오래

》 이탈리아, 콜로디
유럽 르네상스 시대 바로크 캐랙터의 여신 분수대 디자인은 역사의 보존이라는 상징적 의미를 지니고 있다. villa Garzoni 공원 안에 설치되어 있다.

된 분수 중의 하나는 기원전 560~510년으로 추정되는데, 동으로 만들어진 아홉 개의 사자 머리에서부터 물이 뿜어져 나온다. 다른 곳들, 특히 신의 묘사로 장식된 Corinth의 넵튠 분수 같은 곳들은 널리 존경받는 위치를 얻었다.

대중 공원들이나 정원들은 점점 더 그리스 도시의 특색이 되었다. 특히 정원 전통이 강한 영향을 미치는 페르시아나 이집트에 있는 것들이 대표적이었다.

알렉산드리아에서 1세기 때 수학자 히로가 〈Pheumatica〉라는 논문을 제작했다. 이 논문은 나중에 이탈리아 르네상스 정원들에서 물과 관계된 작품들에 직접적으로 영향을 끼쳤다. 특히 Villa D' Este의 창설자 Pirro Ligoro의 작품에 끼친 영향은 크다. 히로의 논문은 분수와 수력, 기계적인 물 기구들을 묘사했다. 그

〉〉 영국, 타이링함
Weddesden Manor의 모뉴멘트 분수대는 드라마틱한 현상과 강한 이미지를 전달하고 있다. 마치 살아 움직이는 동작과 물의 연출이 잘 조화를 이루고 있다.

의 영향은 그가 묘사한 한 구절에서 예시된다. 로마 정원의 최고 특징은 물로 인해 자연적인 요소들과 건축물의 하모니였다.

》 영국. 옥스포드쉐어
Buscot 공원 안에 설계된 분수대 주변 환경은 단순하지만 클래식한 감동을 주고 있다.

로마 정원들의 두 개의 근원은 Tivoli의 Vesta 성전에서 시작된다. 기원전 27년 어거스트의 통치 때 지어진 이곳은 그가 가장 좋아했던 장소로 돌이 많은 곳 위에 Ariene강의 협곡이 내려다 보이는 곳에 자리 잡고 있었다.

그리고 이곳에는 폼페이에서 발견된 친밀한 열주로 둘러싸인 안뜰의 집과 빌라들, 그리고 그 안의 시원한 콜럼들로 둘러싸인 분수대와 그로 인해 생기가 돋는 정원들이 있었다. 아마도 Tivoli는 미래의 로맨틱한 정원 경치를 불러일으키는 가장 큰 영감이 되었을 것이고, 폼페이의 정원들은 작으면서 굉장히 건축적이고 대칭적인 구내에 생명을 가지고 오는 물에 관한 멋진 예이다.

폼페이에 보존된 정원을 통해 페리스타일로 둘러싸이거나 xystus(고대 로마의 대저택 정원 안의 가로수가 심어진 산책길과 안마당이 대칭되는 사각형의 페리스타일의 집)의 형태에 대해 알 수 있다. 두 가지의 케이스에서 디자인의 대칭을 강조했던 중심적인 특징은 정사각형의 풀이나 사각형의 수로와 분수대 양옆에 조각들과 식물들로 배열을 맞춰 줄을 세운 것이었다.

지금까지 남아 있는 식물원 중 가장 잘 알려진 것은 고대 로마 제국 Tivoli의 해드리언 빌라의 식물원이다. 이곳의 물과 관련되어 가장 눈에 띄는 특색은 Pecile의 중앙 장식이나 Hippodrome을 형성한 사각형의 수로가 나 있는 풀이

〉〉 독일, 헤세. 웰헴스호히
18세기 때 건축된 정원의 일부에 폭포와 분수대 연출로 많은 관광객들이 즐기고 있다.

다.(hippodrome이라 이름 지은 것은 아테네의 Stoa Pokile의 복사라고 생각되었기 때문이다.) 전체적인 장소에 관한 아이디어는 500야드에 걸쳐 펼쳐져 있는 두 측면의 긴 portico들로부터 주어졌다.

하지만, 빌라의 물로 된 특색들의 종류는 Marine 극장과 Canopus를 비교함으로써 더 잘 설명된다.

Canopus는 빌라 단지의 가장 잘 알려진 특색으로 가장 잘 보존되어 있다.

Marine 극장은 원래 극장이 아니라 훌륭한 솜씨로 만들어진 개인적 창의물이다. 원형의 벽 안에 portico로 둘러싸인 원형의 풀, 그리고 중앙에는 작은 다리로만 갈 수 있는 섬이 있다. 섬에는 작은 정원과 방들이 있는 파빌리온이 있다.

〉〉 프랑스, 하노버, 허렌 하우젠
Herrenhausen 안의 높이 솟은 분수대는 이곳을 방문하는 사람들의 이정표로 제작되었고 생기가 넘친다.

1. 영국, 그로세스터쉐어, 웨스트버리 코트
Poxton's Enperor 분수대는 호수가에 단순하게 설치되어 있지만, 모든 사람들에게 시원하고 신선한 느낌을 준다.
2. 프랑스, 에소니, 코란세스
고대 국가들은(메소포타미아) 당시, 모든 구조물에 상징적으로 동물, 신의 형상, 식물, 물고기 등의 이미지를 조각해 건축 혹은 정원, 분수대 등에 설치했다.

›› 네델란드, 어펠던

Het Loo 정원에 건축된 분수대 디자인. 시대적 위상을 알리기 위해 웅장한 규모, 예술 감각의 극치를 보여준 아름다운 분수대

》 영국, 돌셋, 캄프톤 아크레스
이탈리안, 일본식으로 설계된 정원 디자인과 분수대, 세계 1, 2차 대전 당시 건축된 정원

자연의 계곡으로부터 연결된 수로는 한쪽 끝으로 커브를 이루며 장식되어 있었고 양쪽으로 열려진 Corinthian 콜럼들로 장식되었다.

콜럼들 밑으로는 이집트의 기념품, 악어 조각 같은 것들이 세워져 있었다. 끝에는 반원형의 triclinium이 있었다. 그리고 아랫부분에는 작은 분수대와 폭포가 있었다.

Water Features from Islamic to the Italian Garden(이슬람 때부터 이탈리아 정원의 물 특색)이 이슬람에서 이탈리아 르네상스로 움직인 것은 광대한 문화적 변화를 뜻하는데, 이때 정원에서 쓰이는 물 역시 큰 변화를 겪는다.

물은 무엇보다도 표현의 수단이며 장식과 움직임을 통해 감동을 주는 요소이다.

〉〉 독일, 히스세
Willhelmshohe, picturesgue 공원 안에 폭포는 또 다른 자연세계의 아름다움을 연출하고 있다.

》 스페인, 콜도바, 패티오 로스 나란조스
Moorish 정원 디자인
이슬람풍의 정원에는 분수대, 조경, 구조물, 좌·우 휴식 공간, 건축 양식의 조화가 잘 이루어져 있다.

르네상스의 예술적인 감성, 지적인 자신감과 열정, 중세 유럽 암흑시대의 억제로부터 풀려난 느낌, 그리고 자연과 우주 속에서 인간의 위치 재확인하기 원했다. 그래서 움직이는 형태인 물에서 살아 있는 실제적이고 장식적인 요소들을 배합하며 완벽한 매체로써 이용되었다.

그 후에 르네상스와 바로크 시대 정원에서의 완전히 통제된 물의 전시는 자연적인 규칙에서 어느 정도의 인간 우월주의를 강조했다.

중세기의 hortus conclusus로부터 르네상스 정원으로의 진화는 확대된 물의 역할이라고 할 수 있다.

고대 문명에 대한 동경이 고고학적 지식과 합해져, 그리스나 로마의 업적을 모방하는 스타일을 개발하게 하였고, 이것은 빠르게 발전하는 미적, 건축적, 공학적인 기술의 이상적인 미래를 제시했다.

Petrarch는 감탄과 영감이 사람들을 숨겨진 기원으로부터 갑자기 솟아오르는 큰 시냇물들이 있는 곳에 제단을 세우도록 이끌었다고 적고 있고, 로마의 휴머니스트 Angelo Colocci는 자신의 정원과 수족관 아치에 놓여 있는 물의 요정 조각으로 고대의 로마를 되살려 냈다.

르네상스의 정원들이 점점 건축적으로 더 다양해지고 확산되면서 물의 사용 방법이 발전되었고, 이 사용 방법은 정원 구성에서 활기를 불어 넣는 가장 핵심적인 요소가 되었다. 이러한 역사로 인해 현대 도심에서 Water show와 엔터테이먼트 연출로 도시를 한껏 즐겁게 해주는 분수대를 볼 수 있는 것이다.

1. 영국, 돌셋, 아덜햄프턴 마놀
   Edwardian 정원에 풀장과 분수대 디자인, 자연의 주변 환경이 분수대의 품격을 더해 주고 있다.
2. 이탈리아, 뱅나이아, 발라란테
   Vignla's의 정원 분수대 디자인
   정원 안에는 물을 이용하여 와인을 차갑게 할 수 있고, 돌 테이블, 작은 분수대, 작은 폭포, 각각 다른 형태의 화단, 돌로 만든 배, 돌핀 조각 등이 특징적이다.

4. 정원(Gardens)

여러 유형의 공원, 건축물 주변, 그리고 주거 공간에 정원이 만들어진다. 정원은 인간이 살고 있는 모든 주요 공간에 설치되는데, 이것은 인간을 즐겁게 하거나 도시의 품격을 높여주는 역할을 하는 꼭 필요한 자연의 공간이다.

좋은 정원은 예술작품이어야 한다. 정원 조성에서 대조, 질감, 치수와 비율의 기본 원리들을 이해하는 것은 매우 중요하다. 하지만, 그것에는 아이디어가 있어야 한다고 Roberto Burle Marx가 말했다.

1980년부터 다양한 색깔과 질감이 정원과 풍경 디자인에 표현되었다. 1980년은 정원 디자이너들과 풍경 건축가들이 밝고 다양한 색감들을 자신들의 디자인에 사용하기 시작한 때이다. 이 새로운 색깔의 범위는 자연적인 구성물과 인공적인 구성물에서 볼 수 있다. 많은 것들은 케이스 분석 섹션 디자이너들의 작품에 의해서 응용되기도 하였다.

더 밝고 더 다양한 색깔들을 쓰는 경향은 20세기 동안의 다양한 영향들의 결과이다. 도심의 정원은 발전되고 날이 갈수록 이용객을 끌어들이기 위한 노력은 계

〉〉 미국, 라스베가스 벨라지오 호텔 내 건축된 정원 디자인. 환상적인 자연의 풍경을 연출하고 있다.

속되었다. 도시 안 큰 공원에 물을 이용한 정원이 없다면 너무도 삭막한 환경과 분위기가 연출되리라 생각한다.

19세기 말에서 20세기 초반 바르셀로나의 Antonio Baudi가 만든 멋진 모자이크와 Art Nouveau 우상들, Charles Rennie Mackintosh와 Joseph Hoffmann 같은 이들은 오늘날의 풍경과 건축에 아직도 영향을 미치고 있다.

〉〉 영국, 그로세스터쉐리

영국 차레스 왕자의 집 정원 디자인. 정원 안에는 분수대, 간이 휴식 공간, 산책로, 수목 조형 등의 디자인이 아름답다.

1. 이탈리아, 볼세나 호수
비그노라 교회 주변 환경, 호수도 휴식 공간 혹은 정원에 포함된다. 물놀이, 시각적 자연의 소리 등이 우리에게 편암함을 느끼게 해주기 때문이다.

2. 스코트랜드, 캐이티네스
엘리자베스 여왕의 어머니가 살았던 집 정원 디자인. 큐빅의 벽면에 덩쿨나무로 장식되었고, 작은 그린하우스 안에는 꽃을 가꾸고 있다.

Art Nouveau는 폭넓고 다양한 색깔들과 질감을 모든 미술에 적용시켰다. 그 움직임은 20세기 동안 나타난 수많은 형태의 추상화의 출발점이 되었고, 오늘날까지 영감의 근원으로 지속되고 있다.

정원에 도입되는 새로운 색채가 다양한 20세기의 풍경에 Joan Miro 같은 화가의 작품이나, Niki de Saint Phalle, Jean Tinguely, Yves Klein과 Christo 같은 새로운 현실주의 조각가들의 작품, 1950년대와 1960년대의 Pop Art와 Dada 후계의 작품, 미국의 Andy Warhol, Jasper Johnes, Roy Lichtenstein, Claes Oldenburg와 Robert Indiana, 영국의 Richard Hamilton과 Eduardo Paolozzi의 영향을 반영하고 있다.

1. 독일, 베르린
charlottenburg의 거대한 정원 건축. 세계 2차 대전 때 폐허가 된 곳에 재건축했다. 규모가 큰 정원은 국가의 위상이기도 하다.
2. 이탈리아, 마지오레
브로메오 여왕의 집 정원은 1630년도에 건축되었고, 바로크 양식의 패턴 디자인 안에 꽃으로 장식한 것이 특징이다.

Pop Art의 영향을 많이 받은 유명한 풍경 건축가 중의 하나는 미국의 Martha Schwarts이다.

총명하고, 예술적이고, 인습 타파적이었던 Schwarts는 20년이 넘는 시간 동안 대중을 화나게도 하고 개화시키기도 하고 즐겁게도 했다.

그리고 그녀는 전통적인 풍경 건축가들의 불만을 사기도 했다. 그러나 그 후 새롭게 정원들을 Schwart의 색깔로 많은 재료를 사용한 사례는 1979년에 보스톤에 건축된 유명한 바벨 정원의 보라색의 수족관부터 1986년 케임브리지, 매사추세츠에 지어진 Splice 정원의 인조잔디로 된 생물학적인 모양들이 있다.

1988년 그녀는 애틀랜타의 리오 쇼핑 센터를 디자인했다. 쇼핑 센터의 중심적인 삽화는 빽빽하게 밀집된 벽토로 되었는데, 금색깔의 개구리들이 주요 물 요소의 연대를 가리키고 있었다.

1997년의 Nexus Kashi 3 Development 주차장은 커다란 오렌지 색깔의 원반들로 특징있게 표현되었다.(떠오르는 태양이 그들의 본토로 되돌아 왔다는 의미로 제작되었다.) 정원에 부드러운 풍경 요소들을 사용하여 디자인에 다양한 색깔과 질감을 가져올 수 있다.

〉〉 스페인, 아란쥬이즈

Aranjuez는 philip 2세, 16세기 때 아란즈이즈가 건축한 정원. 정원은 건축보다는 관리가 더 중점적으로 이루어져야 한다.

》 오스트리아, 빈
Schonbrunn는 Habsburg Hory Roman 황제 궁 정원 디자인
도시 혹은 궁은 물을 끼고 발달, 건축된다. 물이 없는 정원은 삭막해 보일 수도 있다.

스페인 Fernando Caruncho의 Wheat Parterre와 파리 Jacques Wirtz의 수목으로 된 울타리, 네덜란드 Ton ter Lindend의 잔디, 풀과 같은 식물들, 플로리다 Raymond Jungle의 열대 식물들, 롱 아일랜드 Jack Lenor Larsen의 모래 언덕 정원, 프랑스의 Desvigne와 Dalnoky가 디자인한 그리드의 과일나무들, 뉴욕주 Innisfree의 Walter Beck과 Lester Collins의 이끼들, Kathryn Gustafson, George Hargreaves와 Charles Jencks의 풀로 된 지형 등을 예로 들 수 있다.

개인 공간에서의 주택용 정원 디자인은 디자이너들에게 가장 복잡하고 전문적이고 힘들고 기피하는 분야라고 Garrett Eckbo는 말하고 있다.

개인 정원은 1980년부터 풍경 건축가들과 디자이너들의 관심사가 되었다. 그들의 에너지는 대중 공간을 위해 투자되었다.

〉〉 스페인, 마드리드

Dugue de Arco는 15세기 때 왕실 가족의 정원 디자인. 비록 작은 규모의 정원이지만 역사를 알리기 위해 복원되어 철저한 관리로 지금까지도 아름다운 정원을 보여주고 있다.

정돈된 나무, 꽃 형태의 조경. 원형의 분수대, 잔디의 공간 연출이 아름답다.

〉〉 체코 공화국, 프라그

konopiste는 왕실의 정원으로 14세기 때 비엔나가 건축했다. 18세기 때 바로크 양식으로 재건축하기도 했다. 체코 공화국의 왕실 역사가 담긴 정원 건축은 지금까지도 제 모습을 유지하고 있다. 호수를 끼고 있고, 특수하게 건축된 성, 다양한 조경 패턴, 디자인 응용, 지도 모양의 크고 작은 길들이 아름답게 설계, 디자인되었다.

이런 트렌드는 경제적인 면을 위해서도 필요하다. 큰 규모의 디자인 주문을 받음으로서 충분한 손님들이 확보되고 그들의 사무실을 유지할 수 있다. 그들은 유행에 따라가야만 했다.

〉〉 프랑스, 디에피

Le park du Vasterival은 옛날 왕실 정원을 새롭게 현대 감각에 맞게 재건축한 사례, 나무 사이로 조화로운 식물의 배열, 오솔길 디자인, 사계절을 녹색 공간으로 연출하였다.

1. 폴란드, 워사우
   Wilanow는 왕가의 정원 디자인
   왕실 가족들의 정원은 직위, 위치에 따라 규모, 위치가 결정된다. 왕실의 정원은 힘의 위상을 나타내는 상징적인 것으로 그 시대 집권 세력들의 예술적 정원 창출이 역사를 남기고 있다. 폴란드에는 크고 작은 왕실 가족들의 정원이 산재해 있다. Wilanow 정원은 작은 호수를 끼고 건축되었으며 자연 그대로의 모습을 살린 정원 공간에는 휴식을 할 수 있는 구조물 디자인이 특징적이다.
2. 벨기에, 브뤼셀
   Chateau de Belvedere는 1993년도 알버트 2세와 파올라 여왕에 의해 새롭게 단장되었다. 정원 안에 있는 많은 휴식 공간과 벤치, 담장 조형, 정원수 형태가 특징적이다.
   색채의 조화, 풀장을 개조한 분수대와 아리아스 꽃의 분위기, 담 조형 사이의 꽃 배열, 화려하지 않은 자연스러운 예술적 감각의 조화를 느끼게 해준다.

개인 정원을 위한 두 가지의 두드러진 디자인이 20세기 후반에 나타났다.

첫 번째는 자연적인 것으로 풀을 많이 심은 것이 특징이다.

두 번째는 장소의 고유한 성격에 맞는 조각품을 통해 특징적인 분위기를 표현하였다.

〉〉 네덜란드, 아펠둔

Het Loo는 유럽풍의 전통적 왕실의 정원으로 건축되었다.

역사를 대변하듯 울창한 숲, 분수대, 조경 디자인, 기념의 조각품, 고전 건축물 등 웅장함과 거대함이 함께 어우러진 곳으로 1693년도 역사학자 Jan van Asbeck의해 만들어 졌다.

세계 역사를 기념하기 위한 왕실 정원은 꽃으로 이루어진 형상과 정원 디자인, 분수대 연출 등이 특징적이다.

›› 벨기에, 브뤼셀
Belgium은 18세기 때 건축되었다.
13대 Ligne황태자의 정원은 프랑스식의 조경을 도입해 복원시켜 새로운 모습을 보여주고 있다.
나무, 호수, 건축물, 조경으로 재단장했다. 울창한 나무 숲의 공간이 단순하지만 거대함도 느끼게 된다.

디자인의 자연적인 접근은 독일 정원들의 식물을 심은 스타일에 근본을 두고 있고, 현재 폴란드와 미국에서 유명하다.

1980년대 말 시립 디자인의 트렌드는 현대 개인 정원들의 공식인 환경 보호적이고 자연적인 스타일을 입안시켰다.

조각적인 디자인 스타일은 미국과 유럽의 식물과 특별히 관계하고 있지 않은 디자이너들이 사용하였다.

여러 가지 현대적 재료를 사용함으로써 그들은 현대 문화를 반영하는 정원을 만들었고, 역사의 특정한 순간을 표현하는 정원을 만들었다. 이러한 두 가지의 정원 디자인에 대한 접근은 굉장히 별개의 것이다. 하지만, 그것들은 모두 개인 정원이 사회적, 경제적인 부담에 순응해야 한다는 것을 반영하고 있다.

현재의 개인 정원들은 19세기나 20세기 초반의 개인 정원들보다 훨씬 작다.

이 점은 제2차 세계대전 이후 사회의 큰 변화, 관리와 인력의 비용 상승 등으로 인한 것이다. 따라서 땅을 덮는 식물들이 더 인기가 많아졌다. 그것은 그들이 관리 비용을 최소로 줄일 수 있기 때문이다.

교외 지역의 잔디밭들은 사람들이 자신과 아이, 애완동물을 위해 심플하고 튼튼한 정원들을 선호하면서 점점 더 변경되었다.

환경의 변화도 흔적을 남겼다. 기후가 건조해지면서 가뭄에 강한 식물들을 도입하기도 했다. 그리고 환경 보호를 위한 식물 재배에 대한 관심이 커지면서 이국적인 식물들에 대한 선호도가 낮아졌다. 이 점은 많은 수의 정원 센터들이 제공하는 식물들의 폭을 좁게 만들었다.

정원이 작든지 크든지 인간 사회에는 다양한 정원 공간이 확보되어야 한다. 정원은 도심 안에서 없어서는 안 되는 중요한 부분이 되었다.

자연적인 스타일의 정원 건축과 디자인이 21세기 후반의 작품들의 다양성을 보여 줄 수 있을 것이다.

>> 벨기에 궁, 정원에 설치한 조형물 디자인
세계적으로 인간의 자연 파괴로 지구가 몸살을 앓고 있다. 지구 환경을 살리자는 캠페인의 일환으로 조형물이 제작되었다. 철판 원형 조각은 지구의 일부이며 자연을 보존하고, 자연을 살리자는 의미가 내포되어 있다.

>> 체코 공화국, 프라그
konopiste는 왕실의 정원으로 14세기 때 비엔나가 건축했다. 18세기 때 바로크 양식으로 재건축하기도 했다. 체코 공화국의 왕실 역사가 담긴 정원 건축은 지금까지도 제 모습을 유지하고 있다.
호수를 끼고 있고, 특수하게 건축된 성, 다양성의 조경 패턴, 디자인 응용, 지도 모양의 크고 작은 길들이 아름답게 설계, 디자인 되었다.

1. 미국, 로스앤젤레스
   내셔널 은행 빌딩 옥상의 정원. 건물 안에는 컴퓨터 관련 회사가 있다. 풍향계, 벤치, 아이비 덩굴 조경이 조화롭게 디자인 되어 있다.
   직원 모두 휴식 공간의 제공으로 일의 능률도 높다고 한다.
2. 미국, 샌디에이고
   샌디에이고 어린이 병원의 휴식 공간 정원은 T.Delaney Co. 회사가 디자인 및 설계했다.
   20세기 후반 콘셉트로 고객층에 맞게 디자인되었으며 주제는 대자연, 자연의 소리, 자연 소재, 동화, 어린이 꿈의 세계를 이미지화한 작품이다.
   색채는 레인보우 색채, 자연의 색채를 도입했다. 화려하면서 안정감을 주는 색채의 조화는 마치 자연 속에 있는 것처럼 착각을 준다.

1. 미국, 플로리다, 보카레턴

The colorful corporate Headuarters의 정원 디자인. Raymond Jungles가 디자인했고, Debra Lynn yates가 벽면 모자이크를 완성했다.

건물 주변 환경의 면적은 3,100스퀘어 피트로 원색적인 모자이크 디자인은 색다른 분위기 연출을 하고 있다. 플로리다의 마이에미 컬러를 도입하고 대나무, 밀림 숲(정글)의 이미지를 부각시킨 작품 – 도시 속의 정글로 좋은 호평을 받고 있다.

2. 미국, 뉴욕, 롱아이스랜드

롱하우스 정원은 Jack Lenor Larsen가 디자인했다. 퍼포먼스를 할 수 있는 원형 벤치, 지붕 구조를 응용한 모뉴멘트 등이 눈길을 끌고 있다. 정원의 의미는 집안 공터에 나무를 심고, 꽃을 가꾸고, 물을 끌어들여 아름다운 자연을 연출하는 일로부터 시작한다. 대상의 범위는 개인 주거 공간, 공공 기관 및 장소, 식물원, 규모가 큰 상업 지역 등 다양하다. 주로 수목을 많이 끌어들인 공간 연출이다. 세계에서 일본 정원을 최고로 인정하고 있다.

>> 미국, 애리조나
산 언덕, 개인 집 주거 공간에 디자인된 작은 정원, 마케오버 정원 회사가 디자인했다. 풀장, 구조 조형물, 펜스, 전경이 있는 공간에 주변 환경을 바탕으로 한 현대 정원
규모를 확대시켜 공공지역에 건축한다면 좋은 대중 휴식 공간이 될 수 있다.

>> 미국, 뉴멕시코, 산타페
사우스웨이트 전통 양식으로 건축된 정원 디자인
수영장, 분수대, 구조물로 현대 감각에 맞게 디자인되었고, 물을 소재로 한 모든 정원은 자연을 끌어들여 재인식하였다. 자연은 우리에게 편안함을 느끼게 한다.

1. 이탈리아, 폼페이

고풍스러운 정원에는 물속에서 자라는 식물과 보도블럭, 잔디, 나무가 조화를 이루고 있다.

2. 영국, 월트쉐이

shuttle House에 Geottrey Jellicoe 정원은 마치 뮤지컬을 연상하는 특징적 디자인으로 계단식 물의 흐름과 조경이 잘 어우러져 있다.

〉〉 영국, 더비셔, 찰스웰스

Bail 하야트 호텔 안의 정원 디자인, 일본풍의 구조물이 인상적이며, 열대지방의 운치를 맛보게 해준다.

〉〉 일본, 교토, 신사우이에이
정원의 운치, 석탑, 우거진 숲, 조경, 물 연출, 그리고 디딤돌 디자인이 아름다움을 더하고 있다.

1 일본, 도쿄

거주진 템플의 정원은 화려하지 않으면서 우리에게 편안함을 준다. 가공되지 않은 자연의 돌을 사용해 운치를 느끼게 해준다. 이 정원은 평화와 평온을 상징하기 위해 설계되었다.

2 미국, 뉴욕

sitton place에 Ben Nicholson 정원 디자인
규모는 작지만 자연의 정취가 있는 공간이다.

1. 이탈리아, 카설타

palazzo Reale 분수, 폭포와 조각품은 창조성이 강한 물과 정원의 환상적인 작품이다.

2. 이탈리아, 티보리

Villad Este 정원에 설치된 분수대 100개는 현대 감각의 디자인이다.

〉〉 영국, 월트셔, 스터헤드
Geoffrey Jellicoe' s의 정원 디자인. 개인 소유의 정원으로 1970년도 설계되었고, 흐르는 물, 숲, 꽃, 분수대 디자인이 잘 조화를 이루고 있다.

1. 영국, 윌트쉐이, 스터헤드
20세기 때 설계된 정원은 늪과 개울로 물은 항상 흐르고 있으며, 조경은 조화롭게 계획되었다.
2. 영국, 그로우세스터쉐어, 세진코트
정원은 유닉하고 매혹적으로 설계되었다. 인디안 건축 양식과 장식으로 꾸며져 있는 것이 특징적이다.

>> 영국, 돌셋, 아덜햄프던, 마노
Edwardian 정원, 분수대 디자인, 20세기의 정원과 분수대 디자인은 현대 감각의 미니멀한 느낌을 많이 도입시켰다.

〉〉 이탈리아, 바그나이아. 빌라란데 Catenad Acgua는 Cardinal Gambara의 개인 소유 정원
14~16세기 때 르네상스 건축 양식을 도입한 정원의 물 연출은 지금까지도 역사의 화려함을 전해 주고 있다. 돌조각의 패턴 디자인, 각도를 주어 세차게 흐르게 한 물의 효과, 조경, 계단식 길이 아름다움을 더하고 있다.

〉〉 독일, 헤스세, Wilhelmshohe cascade, 물을 이용한 폭포는 18세기 때 건축되었다.
품격있는 조경과 정원, 특징적인 건축 양식의 창조성이 높이 평가되는 관광지로 유명하다. 처음에는 개인 소유의 르네상스 정원으로 물의 특징, 폭포, 좌, 우 물 계단이 설계되었다.

》 영국, 햄프셔, 롱스틱
Longstock Hall의 정원 디자인
주변 우거진 숲속의 정원은 물, 나무, 꽃이 어우러진 드라마틱한 연출의 한 장면과도 같다. 옛날 목사 관저로 사용되었던 곳이다.

》 미국, 로스앤젤레스
라브레아 박물관 안의 정원 디자인
천장이 유리로 되어 있어 낮에는 구조물 그림자가 바닥에 그래픽으로 표현되고 있다.

07 놀이 공간(Playground)의 분류

1. 놀이 공간 (Playground)

놀이 공간의 이용 대상은 유아부터 어린이, 초등학생까지의 범위로 국한할 수 있다.

때로는 중 · 고등학생도 포함은 되겠지만 신체적인 조건과 나이에 따라 시설물이 달라져야 하기 때문에 이들은 제한을 받는다.

도심 속의 놀이 공간은 공공장소, 특수한 장소, 아파트 내의 공간, 거리, 상업 공간 내, 학교, 특수 행사 주변에서의 유료 놀이 공간, 어린이를 위한 상업 장소 등에 설치되어 있다.

주로 나이가 어림으로 안전성, 재료, 디자인, 규모 등이 나이에 맞게 설계되어야 한다. 거리에서의 놀이 공간은 아스팔트, 흙, 잔디, 콘크리트 등의 평지에서 이루어진다. 놀이는 항상 시설물에 의해 이루어지는 것은 아니다. 집 안에서도, 좁은 공간 안에서도 가능하다.

자라나는 어린이에게 왜 놀이 공간이 필요한가?

어린이는 부모 혹은 보호자에 의해 보호받아야 하며, 하루의 대부분을 공부와 놀이가 차지할 정도로 생활이 비교적 단순하다. 성장 과정에서 놀이는 단순히 논

》 미국, 포트랜드
1970년도 라우렌스헬프런 회사에서 디자인한 놀이 공간. 물폭포를 이용한 놀이 공간은 도시의 명물이 되었으며 젊은 연인들의 데이트 장소로 많이 사용되었다.

》 독일, 햄버그
1973년도 힐디리치터가 디자인 설계한 놀이 공간 및 시설물 등. 이 공간 안에는 나무, 조경, 통나무 시설물 디자인이 큰 인기를 얻었다. 작은 공원 하나가 활기 넘치는 지역을 만들었다.

》 폴란드, 로틀담
1973년도에 로틀담 도시, 도시계획 부서에서 계획 설치한 놀이 시설물 및 공간. 두 사람이 놀이를 하고 있지만, 그 지역에 살고 있는 어린이들의 즐거움이 될 수 있다.

1. 도심 속의 놀이 공간에는 농구대가 포함된다. 젊은 층이 사용하고 있고, 개인 또는 단체가 즐길 수 있다.
2. 놀이기구는 가면 갈수록 많은 기능을 적용시켜 디자인되며, 색채가 화려하지는 않지만, 자연의 색채 흙색, 녹색을 조화롭게 사용했다.
3. 미국, 샌디에이고
   강아지(개)공원, 개의 놀이공원 안에서는 개와 사람의 만남이 있는 공간이다.
4. 유치원, 유아가 즐기는 놀이
   어릴 적 흔들어 주면 잠이 온다. 이러한 현상을 적용시킨 놀이기구는 스프링을 장착해 조금만 율동을 해도 움직이고, 즐거움을 맛볼 수 있고, 주로 동물의 형상으로 디자인하였다.

〉〉 한국 놀이 시설물은 대부분 같다. 색채, 규모, 규격, 디자인, 설치 등이 모두 통일적이다. 왜냐하면 어린이를 진정 위해서가 아니라 의무적인, 그리고 경비를 최소화하여 이 분야의 디자이너가 참여하지 않아서다. 놀이 시설물 회사는 아주 영세하다. 그리고 놀이 시설물 전문 디자이너 양성도 시급한 일이다.

다는 차원을 떠나 정신적인 건강, 친구와의 유대, 발육 촉진, 생각의 변화 등에 미치는 영향이 큼으로 장소, 시설물, 환경 등이 매우 중요한 요소이다.

어린이가 많이 있는 곳에는 놀이 공간이 필수적이다. 자연이 없는 복잡한 도심에서 자연을 끌어들인 소재로 친근감과 발육 · 건강의 고려, 함께 나눌 수 있고 재미있는 참신한 이미지 등의 좋은 디자인은 공부 이상의 많은 효과를 줄 수 있다. 디자인은 그 지역의 경제적 여건, 조건, 생활 패턴, 규모, 환경 등을 고려하여 계획되어야 한다.

한국에서는 어느 지역이든 놀이 시설물들이 대부분 똑같게 설치되어 있다. 공간의 성격, 디자인, 색채 등 모두가 거의 비슷하게 설치되어 있어 모든 아이들은 차별성이 없는 놀이를 접하고 있다.

차별성이 없는 시설물은 똑같은 놀이를 반복적으로 하게 하므로 재미를 느낄

〉〉 미국, 샌디에이고
공원 주변에 설치된 놀이 시설물 디자인
놀이 시설물 디자인은 시대적으로 변화되고 새롭게 재구성되어야 한다. 좋은 놀이 디자인은 지역을 대표할 수도 있다.

❶

❷

❸

❹

1. 미국, 캘리포니아

   맥도널드 햄버거 가게에는 어린이 놀이 시설물이 설치되어 있다. 경영자가 어린이를 위해 제공하는 시설물이다. 조립식으로 다양한 형태로 변화된다.

2. 미국, 얼바인

   공원에 설치된 놀이 시설물, 쾌적한 환경 제공으로 공중도덕 의식과 즐거운 놀이를 할 수 있다.

3. 서울, 잠실

   아파트 주변에 설치된 놀이 시설물. 주변 환경, 시설물은 안전하고, 견고하고, 그리고 새로운 디자인으로 개선 및 발전되어야 한다. 집안 환경은 화려한 반면 어린이가 공동으로 사용하는 공간은 인색하기만 하다.

4. 캐나다, 벤쿠버

   운동경기 행사가 있을 때, 주변에 임시로 설치된 유료 놀이 공간. 상업적인 목적도 있지만 어린이를 배려한 의미도 있다.

수 없고 쉽게 실증이 나서 결국 놀이 시설물을 외면한 채 다른 놀이를 찾게 된다. 그래서 어린이들에게는 새롭고, 흥미로운 놀이를 위해 변화를 주어야 한다.

실내 공간보다는 실외 공간에서 시간을 보내는 것이 좋다. 인터넷이 발달한 지금 대부분의 어린이는 실내 공간에서 컴퓨터 게임 등에 빠질 확률이 높다. 컴퓨터 게임은 중독성을 유발하기도 한다. 이런 어린이를 밖으로 나오도록 하기 위해서는 즐거움을 주는 놀이 공간이 계획되고 추진되어야 한다.

법규에 의해, 혹은 이익만을 추구하기 위해 어디나 똑같은 놀이를 제공한다면 어린이들은 놀이 공간을 찾지 않게 되고 컴퓨터 같은 다른 흥미로운 것들로 관심을 갖게 된다. 그렇게 되면 어린이들에게 좋은 영향보다는 나쁜 영향을 줄 수 있다.

》 미국, 캘리포니아
지역에 특별한 행사가 있을 때 어린이들에게도 놀이 공간을 제공한다. 임시로 제공되는 놀이 시설물은 화려한 색채를 사용해도 좋다.

》 서울, 여의도
아파트 주변에 설치된 놀이 시설물 디자인. 나무 재료를 사용한 시설물은 자연을 연상케 하는 친근감을 줄 수 있다.

놀이는 남녀, 나이에 따라 다양하고 광범위하다. 좋은 놀이를 제공하게 되면 좋은 성장을 기대할 수 있다. 많은 돈을 들여 계획하기보다는 그 지역의 특성을 살려 계획하고 타지역과의 차별성과 특수성을 지닌 새롭고 재미있는 놀이가 제공되어야 자라나는 어린이에게서 건강한 미래를 기대할 수 있다. 좋은 환경의 놀이 공간 제공은 현대 사회에 가장 중요한 과제로 남아 있다.

놀이 공간과 시설물은 놀이로만 생각해서는 안 된다. 놀이 공간은 지능 개발, 공동체의식 개발, 신체적 건강, 정신적 여유와 휴식 등을 충족시켜 준다.

》 일본, 쿄토

경마장 주변에 설치된 놀이 공간과 시설물 디자인. 좁은 공간이지만 자라나는 어린이에게는 최고의 공간이 될 수 있다.

2. 학교 내 놀이 공간 (School of Play spaces)

학교 내 놀이 공간의 설치는 교육의 필수 조건이다. 만약 학교 내에 놀이 공간이 없다면 학교는 삭막한 교육 환경이 될 것이다. 놀이 공간은 생활에 리듬을 주고, 교육 효과의 극대화, 사회에서의 단체 활동, 협동, 나눔의 정서적 효과를 주는 장이기도 하다.

전 세계 어느 나라에서 건 유치원부터 대학교에 이르기까지 놀이 공간, 혹은 체육시설 안에 놀이 시설물들이 다양하고 광범위하게 설치되어 있다. 나이, 신체적인 조건, 학급 및 학년, 남녀 등에 따라 시설물의 규격과 규모, 기능, 디자인, 색채 등이 각각 다르게 계획, 설치되어 진다.

주로 학교 내 놀이 공간은 체육시간, 휴식시간 등을 이용해 체력 단련, 개인 혹은 단체의 여가를 위해 사용하고 있는 공간이기도 하다. 그래서 학교 내 놀이 공간은 없어서는 안 된다. 놀이 공간은 게임과 체력단련, 휴식시간의 활용, 친구와의 교류, 리더십 형성, 올바른 경쟁의식 고취 등 많은 교육적 의미를 지닌 장으로 새롭고 창조적인 사고의 발판이 되기도 한다.

놀이 공간은 교육을 더욱 충실히 할 수 있는 기반을 만들어주고, 교육 환경을 한층 극대화하고, 교육 분위기를 전환시킬 수 있는 기능을 한다.

》 미국, 워싱턴 D.C
버체난 초등학교 내 놀이 공간은 1968년도 풀후레드 버그 회사가 디자인, 건축했다. 넓은 공간 활용과 다양한 놀이 시설을 짜임새 있게 연출하여 어린이들은 즐겁게 공간을 이용하고 있고, 학생들이 학교에 다니는 것을 만족하고 있다고 한다.

〉〉 미국, 로스앤젤레스
올림픽 초등학교와 유치원이 함께 있는데, 색채는 마이애미 스타일로 계획되어 있다. 미국 학교 대부분이 바닥에서 다양한 놀이를 할 수 있게 페인트로 게임 그래픽 디자인을 해 놓았다. 유치원 놀이 시설물 재질은 플라스틱 제품으로 안전을 우선으로 제작되었다.

고등학교와 대학교에서의 체육시설 설치와 그것을 이용한 운동은 사회에서 하나의 직업으로 전환해 주는 역할도 한다.

이 책에서의 학교 놀이 공간은 어린이들로 그 대상을 제한했고, 어린이의 지능 개발, 체력 유지 및 향상, 놀이 문화의 이해, 교육과 놀이의 균형을 유지하는 범위 내에서 방향성을 두었다.

학교 내 놀이 시설물들은 각 나라의 문화와 역사적인 조건에 따라 조금씩 틀리지만 어린이들이 추구하는 목적, 교육 방향 등에서는 모두 일치한다. 그리고 시대적으로 자연을 이용한 시설물 이용부터 새롭고 많은 기능을 가진 놀이 시설물까지 현대의 놀이 시설물은 많은 변화를 가져왔다.

시대적 사회 변화와 어린이들이 추구하는 생각, 놀이, 신체적인 변화에 따라 놀이 시설물들은 변해가야 한다.

지금의 학생들은 실내 공간에서의 게임을 많이 즐기고 있는 실정이다. 앞으로의 과제는 학생들을 실내 공간에서 실외 공간으로 끌어내는 놀이 시설을 연구하는 것이다.

›› 미국, 파세데나
노마컴브스 초등학교 내 놀이 시설물 디자인
공룡 이미지를 이용한 놀이 시설물 디자인이 독특하다. 색채도 자연의 녹색과 백색의 조화는 아름답다.

시대는 많이 변화하고 발전한 반면 우리 주위의 학교 놀이 문화는 큰 변화가 없다. 또한, 나라마다의 놀이 시설물들은 달라야 한다. 왜냐하면 신체적인 조건, 나라의 특성, 문화와 역사 환경이 각기 다르기 때문이다. 이제 우리나라도 남의 것을 모방하지 말고 우리 것을 찾는 노력이 필요하며, 놀이 시설물이 새롭게 개선되어야 한다.

놀이 시설물이 개선되려면 세계의 흐름을 참고하고, 사례들을 수집하고, 연구하여 우리에게 맞는 새로운 놀이가 제공되고 정착되어야 한다. 새로운 놀이 공간 제공은 자라나는 어린이들에게 긍정적인 새로운 교육 환경을 만들어줄 수 있다.

1. 미국, 로스앤젤레스

아이반 호이 초등학교 놀이 공간 안에 시설물 디자인. 초등학교 어린이 신체적 발달로 놀이기구와 시설물이 많이 변화되어 가고 있다.

2. 미국, 로스앤젤레스

글렌데일 고등학교 스타디움. 이 공간에서는 학생 사용이 우선적이지만, 단체, 지역주민 등을 위해서도 다양한 방법으로 운영되고 있다.

3. 미국, 파세데나

세코이아 사립 유치원에 설치된 공간과 놀이 시설물 디자인. 놀이 시설물은 나무로 제작되었고, 화려한 색채를 피해 분위기를 연출했다.

4. 미국, 글렌데일

토마스 에디슨 초등학교 내에는 유치원도 있다. 놀이 공간은 학년에 따라 구분되어 있으며 이처럼 시설물도 다르게 계획되어야 한다.

〉〉 미국, 로스앤젤레스

Micuel Contreras cobras 고등학교

중고등 학교로부터 모든 스포츠를 할 수 있는 공간이 요구되므로 교내에는 시설이 좋고, 잘 되어 있다. 새로운 스포츠인이 되기 위한 준비 과정을 제공하기도 한다. 미국은 대학에 체육학과가 대부분 없다. 사설 기관에서 특수교육한다. 그리고 사립고등학교는 공부를 우선시하므로 체육 공간, 시설이 공립학교보다는 떨어진다.

학교 안에서의 공간을 어떻게 연출, 기획하느냐에 따라 자라나는 어린이들에게 새로운 교육 환경의 변화를 줄 수 있고, 공부 외 새로운 생각과 정신 건강, 체력 유지 등의 기반을 만들어 줄 수 있다.

그리고 좋은 놀이 공간은 육체적, 도덕적, 지적, 영적, 사회성 터득과 건강한 교육으로 만들어갈 수 있고, 놀이 시설물들은 어린이들의 창의력과 사람과 사람 사이의 융합, 육체와 정신적인 성장 등을 발전시키기도 한다.

어린이에게는 교육의 일환인 여가를 만들어 주고, 활용하도록 유도해야 한다. 여가 는 결코 버리는 시간이 아니다. 여가는 어린이가 세상을 이해할 수 있는 수단이기도 하며, 단순히 쉬는 것이 아닌 매우 중요하고 필요한 시간들이다.

학교 내의 놀이 시설물은 각각의 나이 분류, 함께 공유할 수 있는 시설물, 공공의식에 따른 교육적인 목적을 가진 디자인, 시설물 배치, 환경 조건, 시설물의 분류 등 세심하게 기획 추진되어야 한다.

1. 미국, 로스엔젤레스

지역에 따라 설치된 시설물 차이는 있다. 그러나 바닥 놀이 그래픽과 농구를 할 수 있는 공간은 꼭 제공된다. 농구는 개인뿐 아니라 단체도 즐길 수 있기 때문이다.

2. 미국, 세리토스 초등학교의 공원 디자인

놀이공원 시설물이 발전되고 있다. 미국의 모든 학교 놀이 시설물이 서로 다르게 디자인되어 있다. 서로 다른 디자인은 교육에 창의력을 높여줄 수 있고, 리더십도 만들어 준다. 빨강, 노랑, 초록 원색을 부분적으로 적게 사용하면서 화려하게 만들어 주는 것이 좋다.

3. 영국, 런던

1972년도 데이빗 캐쉬맨이 디자인한 놀이 바닥 그래픽. 몬템유치원에 설치된 이것은 비용이 그리 많이 들지 않았지만, 어린이들이 재미있게 놀고 있다.

4. 스위스. 바셀(Basel)

오메텐 초등학교에 설치된 놀이 시설물은 1972년도에 미첼 페인팅 화가가 디자인, 건축했다.

참고문헌

- Bacon, Edmund N. [Design of Cities]. New York: Viking Press, 1967.
- Bamet, Jonathan [An Introduction to Urban Design]. Harper and Row, 1982.
- Cooper, Guy / Taylor, Gordon [Gardens for the Future]. The Monacelli Press, 2000
- Cranz, Galen [The Politics of Park Design]. The Massachusetts Institute of Technology]. 1982.
- Cullen, Gorden [Townscape]. New York: Reinhold Book Corporation, 1968.
- Dunn, Diana [Open Space and Recreation Opportunity in America's Inner Cities]. Washington DC.: Department of Housing and Urban Development, 1974.
- Fein, Albert [Landscape into Cityscape]. F.L. Olmsted's Plans for a Greater New York City, Cornell University Press, 1968.
- French, Jere Stuart [Urban Green]. Kendall, Hunt Pub. Co., 1973.
- Friedberg, Paul M.[Handcrafted Playgrounds]. New York: Random House, 1975.
- Fries, S. [The Urban Idea in Colonial America]. Philadelphia: Temple University Press, 1977.
- Plumptre, George [Royal Gardens of Europe]. The Monacelli Press, 2005
- Hansen, Gladys [A Guide to the Bay and It's Cities]. New York: Hastings House, 1973.

- Harlean, James [Romance of the National Parks]. New York: Macmillan, 1939.
- Ian, McHarg L.[Design with Nature]. New York: Doubleday and Company, Natural history Press, 1971.
- Jacobs, Jane [Making City Planning Work]. Chicago, The American Society of Planning Officials, 1978.
- Jorgensen, Jay [Landscape Design for the Disabled]. Virginia: American Society of Landscape Architects Foundation, 1975.
- Lane, Roger [Policing the City]. Boston: Atheneun, 1971.
- Laurie, Michael [An Introduction to Landscape Architecture]. New York: Elsevier, 1975.
- Lynch, Kevin [The Image of the City]. Cambridge: The MIT Press, 1960.
- Marguerite, Rouard / Jacques Simon [Children's Play Space]. Overlook Press, Inc., 1976.
- Melville, Ian S.[The Role of Public Piazza]. Addison Wesley, 1956.
- Michael, Spens [Modern Landscape]. Phaidon Press Limited, 2003.
- Michelson, William [Man and His Urban Environment]. Addison Wesley, 1970.
- Morrisonm, Raymond [Let's go to the Park]. Dallas, Tx.: Wilkinson, 1937
- Newman, Oscar [Defensible Space]. New York: Macmillan, 1972.
- Newton, N.T. [Design on the Land]. Cambridge: Harvard University Press, 1971.
- Olmsted, Frederick Law, Jr. [Forty Years of Landscape Architecture]. Cambridge: The MIT Press, 1973.

- Perin, Constance [Social Governance and Environmental]. Dowden: Hutchinson and Ross, 1975.
- Plumptre, George [Royal Gardens of Europe]. The Monacelli Press, 2005.
- Pushkarev, Boris S. and Zupan, Jeffrey M.[Urban Space for Pedestrians]. Cambridge: The MIT Press, 1975.
- Rudofsky, Bemard [Streets for People]. New York: Doubleday and Company, 1964.
- Simon, Donald [A Prospect for Parks]. Public Interest, 1976.
- Smith, Alice U.[Terraces, Decks, and Roof Gardens]. New York: Hawthorn Books, 1969.
- Spreiregen, Paul [The Architecture of Town and Cities]. New York: Mcgrow-Hill, 1965.
- Thomas, Daniels L. / John Keller W. with Mark Lapping B.[The Smalltown Planning Handbook]. The United States of America, 1988.
- Thrupp, Sylvia L.[The City as the Idea of Social Order]. Cambridge: The MIT Press, 1968
- William, Whyte H.[The Last Landscape]. Doubleday and Company, 1968.
- William, Whyte H.[The Social Life of Small Urban Space]. The Conservation Foundation, 1980.
- Woolley, Helen [Urban Open Space]. Spon Press, 2003.

도시환경과 공원디자인

2009년 8월 27일 1판 1쇄 인쇄
2009년 9월 3일 1판 1쇄 발행

지은이: 고성종·고필종 공저

펴낸이: 박정태

펴낸곳: **광 문 각**

413-756
경기도 파주시 교하읍 문발리 파주출판정보단지
500-8번지 광문각빌딩 4층
등 록: 1991. 5. 31 제12-484호
전화(代): 031)955-8787
팩 스: 031)955-3730
E-mail: kwangmk@unitel.co.kr
홈페이지: www.kwangmoonkag.co.kr

ISBN: 978-89-7093-531-7 93610

정가: 28,000원

불법복사는 지적재산을 훔치는 범죄행위입니다.

저작권법 제97조의 5(권리의 침해죄)에 따라 위반자는 5년 이하의
징역 또는 5천만원 이하의 벌금에 처하거나 이를 병과할 수 있습니다.